최신 출제 기준 반영!
30가지 실기과제 수록!

양식 조리기능사

2021
최/강/합/격
실기

고영숙 · 김현주 지음

BM (주)도서출판 성안당

2021 최강합격
양식조리기능사 실기

2020. 1. 16. 초 판 1쇄 발행
2021. 1. 19. 개정 1판 1쇄 발행

저자와의
협의하에
검인생략

지은이 | 고영숙, 김현주
펴낸이 | 이종춘
펴낸곳 | BM (주)도서출판 성안당

주소 | 04032 서울시 마포구 양화로 127 첨단빌딩 5층(출판기획 R&D 센터)
10881 경기도 파주시 문발로 112 파주 출판 문화도시(제작 및 물류)

전화 | 02) 3142-0036
031) 950-6300

팩스 | 031) 955-0510
등록 | 1973. 2. 1. 제406-2005-000046호
출판사 홈페이지 | **www.cyber.co.kr**
ISBN | 978-89-315-8092-1 (13590)
정가 | **19,000원**

이 책을 만든 사람들
책임 | 최옥현
기획·진행 | 박남균
교정·교열 | 디엔터
표지·본문 디자인 | 디엔터, 박원석
홍보 | 김계향, 유미나
국제부 | 이선민, 조혜란, 김혜숙
마케팅 | 구본철, 차정욱, 나진호, 이동후, 강호묵
마케팅 지원 | 장상범, 박지연
제작 | 김유석

■ **도서 A/S 안내**

성안당에서 발행하는 모든 도서는 저자와 출판사, 그리고 독자가 함께 만들어 나갑니다.
좋은 책을 펴내기 위해 많은 노력을 기울이고 있습니다. 혹시라도 내용상의 오류나 오탈자 등이
발견되면 **"좋은 책은 나라의 보배"**로서 우리 모두가 함께 만들어 간다는 마음으로 연락주시기
바랍니다. 수정 보완하여 더 나은 책이 되도록 최선을 다하겠습니다.
성안당은 늘 독자 여러분들의 소중한 의견을 기다리고 있습니다. 좋은 의견을 보내주시는 분께는
성안당 쇼핑몰의 포인트(3,000포인트)를 적립해 드립니다.

잘못 만들어진 책이나 부록 등이 파손된 경우에는 교환해 드립니다.

책을 내면서

외식산업 발달과 경제 수준 향상으로 사회적 구조의 변화에 따라 우리의 식생활 문화는 그 패턴이 달라지고 있습니다.

단지 섭취하는 것만으로 충족하지 않고 분위기를 연출하고 맛과 문화를 즐기는 다양한 생활 음식 문화로 변화하면서 음식에 관한 관심이 매우 높게 자리 잡고 있습니다.

필자는 실무 및 대학 강의 경험과 실기감독위원을 통해 실전에서의 수검자가 이해하기 쉽도록 하나하나 세심한 설명으로 아래 6가지의 사항에 중점을 두고 집필하였습니다.

6가지 POINT

1. 양식 실기 30가지 메뉴 완성 사진
2. 양식 실기 30가지 메뉴 과정 사진
3. 양식 실기 30가지 메뉴 지급재료 사진
4. 조리과정에 대한 자세한 설명 레시피
5. 누구도 알려주지 않는 한 끗 TIP
6. 감독 시선 POINT

이러한 6가지 사항들을 수록하여 이 교재로 양식조리사의 길에 첫발을 내딛는 모든 분께 합격의 영광이 있기를 기대하면서 부족한 부분은 앞으로 계속 보완해 나가겠습니다.

끝으로 이 교재가 출간되기까지 긴 시간 기다리며 배려해 주신 박남균 대표님, 사진 촬영을 해주신 도영찬 실장님을 비롯한 모든 임직원 여러분께 고마움을 전합니다.

감사합니다.

고영숙, 김현주

목차

달걀 요리

스패니쉬 오믈렛
· 028 ·

치즈 오믈렛
· 032 ·

샐러드

시저샐러드
· 036 ·

월도프샐러드
· 040 ·

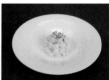

포테이토샐러드
· 044 ·

해산물샐러드
· 048 ·

에피타이저

쉬림프카나페
· 052 ·

참치타르타르

· 056 ·

드레싱

사우전아일랜드드레싱
· 060 ·

스톡

브라운스톡
· 064 ·

※ 해당 도서의 수정사항은 p.150을 참조 바랍니다.

1. 양식조리기능사 실기시험 안내

(1) 양식조리기능사
① 양식조리기능사란 산업인력공단에서 시행하는 양식조리기능사 시험에 합격하여 그 자격을 취득한 자를 말한다.
② 조리기능사 자격제도는 위생적이고 안전한 음식을 조리하여 제공하기 위한 전문인력을 양성하기 위해 제정된 국가기술자격이다.

(2) 자격 특징
① 양식조리기능사는 음식 재료를 씻고, 자르고, 익히고, 간을 맞추어 안전성과 영양 및 미각을 고려하여 음식을 만드는 업무를 수행한다.
② 구체적으로 양식조리 부문에 배속되어 제공될 음식에 대한 계획을 세우고 조리할 재료를 선정하여 구입하고 검수하며, 구입한 재료를 위생학적, 영양학적으로 저장·관리하는 작업을 행한다. 또한 선정된 재료를 적정한 조리기구를 사용하여 조리 업무를 수행하고, 음식을 제공하는 장소에서 조리시설 및 기구를 위생적으로 관리하고 유지하는 업무를 담당한다.
③ 2017년도부터는 기존의 검정형 시험방법 외에 과정평가형으로도 양식조리기능사 자격을 취득할 수 있다.

(3) 응시자격
① 응시자격에는 제한이 없다. 연령, 학력, 경력, 성별, 지역 등에 제한을 두지 않는다.
② 주로 조리 관련 사설 교육기관에서 자격시험에 대한 교육을 이수한 후 응시하는 경우가 많다.

(4) 검정방법
① 필기 : 객관식 4지 택일형, 60문항 (60분)
② 실기 : 작업형 (70분 정도)

2. 실기시험을 위한 팁

(1) 수험자 지참 준비물

번호	재료명	규격	단위	수량	비고
1	강판	–	EA	1	
2	거품기(Whipper)	–	EA	1	자동 및 반자동 제외
3	계량스푼	–	EA	1	
4	계량컵	–	EA	1	
5	국대접	–	EA	1	
6	국자	–	EA	1	
7	냄비	–	EA	1	시험장에도 준비되어 있음
8	다시백	–	EA	1	
9	도마	흰색 또는 나무 도마	EA	1	시험장에도 준비되어 있음
10	랩	–	EA	1	
11	면보	–	장	1	
12	밥공기	–	EA	1	
13	볼(Bowl)	–	EA	1	시험장에도 준비되어 있음
14	비닐팩	위생백, 비닐봉지 등 유사품 포함	장	1	
15	상비의약품	손가락골무, 밴드 등	EA	1	
16	쇠조리(혹은 체)	–	EA	1	
17	숟가락	–	EA	1	
18	앞치마	흰색(남녀 공용)	EA	1	* 위생복장(위생복, 위생모, 앞치마)을 착용하지 않을 경우 채점 대상에서 제외(실격) *
19	위생모 또는 머리수건	흰색	EA	1	* 위생복장(위생복, 위생모, 앞치마)을 착용하지 않을 경우 채점 대상에서 제외(실격) *
20	위생복	상의 – 흰색/긴소매, 하의 – 긴바지(색상 무관)	벌	1	*위생복장(위생복, 위생모, 앞치마)을 착용하지 않을 경우 채점 대상에서 제외(실격) *
21	위생타올	행주, 키친타올, 휴지 등 유사품 포함	장	1	
22	이쑤시개	–	EA	1	
23	젓가락	–	EA	1	
24	종이컵	–	EA	1	
25	주걱	–	EA	1	
26	채칼(Box Grater)	–	EA	1	시저샐러드용으로만 사용
27	칼	조리용 칼, 칼집 포함	EA	1	눈금표시칼 사용 불가
28	테이블스푼	–	EA	2	숟가락으로 대체 가능
29	포일	–	EA	1	
30	후라이팬	–	EA	1	시험장에도 준비되어 있음

※ 지참 준비물의 수량은 최소 필요 수량으로 수험자가 필요시 추가 지참 가능합니다.

※ 길이를 측정할 수 있는 눈금 표시가 있는 조리기구는 사용 불가합니다.

※ 지참 준비물은 일반적인 조리용을 의미하며, 기관명, 이름 등 표시가 없는 것이어야 합니다.

※ 지참 준비물 중 수험자 개인에 따라 과제를 조리하는 데 불필요한 조리기구는 지참하지 않아도 무방합니다.

※ 수험자 지참 준비물 이외의 조리기구를 사용한 경우 채점 대상에서 제외(실격)됩니다.

(2) 올바른 위생복(조리복)착용 방법

위생복 상의 & 앞치마 & 모자	구김이 없는 하얀색의 위생복과 앞치마 착용
	하얀색 조리모 착용 (이름이나 상표가 표시된 위생복과 앞치마 X)
하의	무난한 색의 긴바지 착용 (치마, 반바지 X)
신발	발등을 덮는 조리화, 운동화 착용 (굽이 있는 신발, 슬리퍼 X)
손톱	길지 않고 짧아야하며 매니큐어 X
헤어스타일	머리카락이 긴 경우 머리 망 착용
악세사리	시계, 반지, 팔찌, 귀걸이 등 착용금지

(3) 조리도구 진열 방법

도마 밑에는 젖은 행주나 키친타올을 깔아 도마가 밀리지 않게 하며, 조리도구 통에 도구를 넣어 공간을 확보한다. 행주와 키친타올은 접어서 깔끔하게 정리하고, 앞쪽에는 접시를 셋팅한다.

(4) 수험자 유의사항

1) 만드는 순서에 유의하며, 위생과 숙련된 기능평가를 위하여 조리작업 시 맛을 보지 않습니다.

2) 지정된 수험자지참준비물 이외의 조리기구나 재료를 시험장내에 지참할 수 없습니다.

3) 지급재료는 시험 전 확인하여 이상이 있을 경우 시험위원으로부터 조치를 받고 시험 중에는 재료의 교환 및 추가지급은 하지 않습니다.

4) 요구사항의 규격은 "정도"의 의미를 포함하며, 지급된 재료의 크기에 따라 가감하여 채점합니다.

5) 위생상태 및 안전관리 사항을 준수합니다.

6) 다음 사항에 대해서는 채점대상에서 제외하니 특히 유의하시기 바랍니다.

　가) 기권 – 수험자 본인이 시험 도중 시험에 대한 포기 의사를 표현하는 경우

　나) 실격 – (1) 가스레인지 화구 2개 이상(2개 포함) 사용한 경우

　　　　　　　(2) 불을 사용하여 만든 조리작품이 작품특성에 벗어나는 정도로 타거나 익지 않은 경우

(3) 위생복, 위생모, 앞치마를 착용하지 않은 경우

(4) 지정된 수험자지참준비물 이외의 조리기구를 사용한 경우

(5) 시험 중 시설·장비(칼, 가스레인지 등) 사용 시 시험위원 및 타수험자의시험 진행에 위해를 일으킬 것으로 시험위원 전원이 합의하여 판단한 경우

다) 미완성 – (1) 시험시간 내에 과제 두 가지를 제출하지 못한 경우

(2) 문제의 요구사항대로 과제의 수량이 만들어지지 않은 경우

라) 오작 – (1) 구이를 찜으로 조리하는 등과 같이 조리방법을 다르게 한 경우

(2) 해당과제의 지급재료 이외의 재료를 사용하거나 석쇠 등 요구사항의 조리도구를 사용하지 않은 경우

마) 요구사항에 명시된 실격, 미완성, 오작에 해당하는 경우

7) 항목별 배점은 위생상태 및 안전관리 5점, 조리기술 30점, 작품의 평가 15점입니다.

8) 시험시작 전 가벼운 몸 풀기(스트레칭) 동작으로 긴장을 풀고 시험을 시작합니다.

(5) 개인위생상태 및 안전관리 세부기준

1) 개인위생상태 세부기준

순번	구분	세 부 기 준
1	위생복	• 상의 : 흰색, 긴소매(※티셔츠는 위생복에 해당하지 않음)　　• 하의 : 색상무관, 긴바지 • 짧은 소매, 긴 가운, 반바지, 짧은 치마, 폭넓은 바지 등 안전과 작업에 방해가 되는 모양이 아니어야 하며, 조리용으로 적합할 것
2	위생모	• 흰색　　　　　　　　　　　　　　　• 일반 조리장에서 통용되는 위생모
3	앞치마	• 흰색　　　　　　　　　　　　　　　• 무릎아래까지 덮이는 길이
4	위생화 또는 작업화	• 색상 무관　　　　　　　　　　　　• 위생화, 작업화, 발등이 덮이는 깨끗한 운동화 • 미끄러짐 및 화상의 위험이 있는 슬리퍼류, 작업에 방해가 되는 굽이 높은 구두, 속 굽 있는 운동화가 아닐 것
5	장신구	• 착용 금지 • 시계, 반지, 귀걸이, 목걸이, 팔찌 등 이물, 교차오염 등의 식품위생 위해 장신구는 착용하지 않을 것
6	두발	• 단정하고 청결할 것 • 머리카락이 길 경우, 머리카락이 흘러내리지 않도록 단정히 묶거나 머리망 착용할 것
7	손톱	• 길지 않고 청결해야 하며 매니큐어, 인조손톱부착을 하지 않을 것

【위생복, 위생모, 앞치마(이하 위생복) 착용에 대한 기준】
① 위생복 미착용 ➜ 실격(채점대상 제외) 처리
② 유색의 위생복 착용 ➜ "위생상태 및 안전관리"항목 배점 0점 처리
　※ 위생복을 착용하였더라도 세부기준을 준수하지 않았을 경우 감점 처리
　※ 개인위생 및 조리도구 등 시험장 내 모든 개인물품에는 기관 및 성명 등의 표시가 없을 것

2) 안전관리 세부기준

• 조리장비·도구의 사용 전 이상 유무 점검
• 칼 사용(손 빔) 안전 및 개인 안전사고 시 응급조치 실시
• 튀김기름 적재장소 처리 등

3. 서양요리의 기초

(1) 서양요리의 개요

서양요리는 프랑스 요리를 시작으로 독일, 이탈리아, 영국 등의 유럽 요리와 미국, 캐나다의 북미대륙 요리를 포괄적으로 총칭하는 의미이다.

서양요리는 불의 발견과 함께 시작되었고, 이는 고대 이집트의 벽화, 피라미드에 적혀있는 상형문자를 통해 알 수 있다. 불의 발견으로 여러 가지 요리 기술이 생기기 시작하였으며, 인간의 식생활과 조리방법에 변화의 바람이 불었다.

프랑스의 국왕인 앙리 2세가 이탈리아 메디치가의 공주와 결혼을 하게 되면서 이탈리아의 조리사들과 함께 프랑스로 넘어오게 되었는데 이로써 프랑스 요리가 시작되었고, 그 이후 루이 14세, 루이 15세 때 프랑스 요리가 급성장하게 되었다. 특히, 루이 14세 때에는 프랑스문화가 유럽 전체에 퍼지게 되면서 유럽의 귀족들에게 인기가 많아져 전문 요리사가 생겼으며 세련된 요리가 많이 개발되었지만 제1차 세계대전이 일어나면서 화려한 요리보다는 신속하고 단순하면서 실질적인 조리 기술의 기본이 많이 생겨났다.

이처럼 프랑스 요리는 단시간에 형성된 것이 아니라 오랜 역사와 노력이 합쳐 대표적인 서양요리가 될 수 있었다.

우리나라에 서양요리가 도입된 시기는 1900년대로 추정되며, 여러 가지 이야기가 있지만, 1970년 중반쯤 경양식 레스토랑이 생기기 시작하면서라고 볼 수 있겠다. 현재는 많은 정보와 문화가 흡수되어 서양요리가 대중적이게 되었으며 바쁜 현대사회와 미디어의 발달로 인해 앞으로 우리 일상에 더 가깝고 많은 비중을 차지할 것으로 예상한다.

(2) 서양요리의 식사와 구성

1) 에피타이저(Appetizer)

격식을 갖춘 식탁에서 한 끼 식사의 코스 중에서 첫 번째로 제공되는 소량의 요리를 말한다. 첫 번째로 등장하는 만큼 다음 순서에 나오는 요리에 영향을 주기 때문에 시각적인 면에서도 중요하고 식욕을 돋우기 위한 자극이 있어야 한다.

2) 수프(Soup)

에피타이저 다음으로 나오는 액체의 음식이며, 빵이나 다양한 내용물이 첨가되어 나온다.

3) 생선요리(Fish Course)

메인 요리를 먹기 전 제공받는 음식으로 생선요리를 먹을 때에는 생선을 뒤집지 않고 먹는 것이 예의이다.

4) 샤베트(Sherbet)

주로 생선 요리 다음으로 나오는 음식이며, 샤베트를 먹음으로 인해서 입안을 헹궈 주는 역할을 하여 다음으로 나오는 음식의 맛을 제대로 느낄 수 있게 도와준다.

5) 메인요리(Main Course)

일반적으로 육류(Meat) 요리를 뜻하지만 최근 들어 육류를 비롯한 가금류, 생선, 채소 등으로 의미가 다양해지고 있으며, 취향에 따라 육류의 굽기 정도를 선택할 수 있다.

- 레어 : 겉면 위주로 구운 상태
- 미디움 : 겉은 완전히 익고 속은 25% 정도 익은 상태
- 웰던 : 겉면과 속이 완전히 익은 상태
- 미디움레어 : 전체적으로 50% 익은 상태
- 미디움웰던 : 붉은 핏기가 없을 정도로 익은 상태

6) 샐러드(Salad)

건강에 관심이 높아짐에 따라 코스에서뿐만 아니라 단품으로도 즐겨먹는다. 육류와 함께 곁들여 먹기도 하며 지급되는 드레싱 중에서 하나만 선택하여 먹는다.

7) 디저트(Dessert)

식사 마지막에 제공되는 것으로 당도가 있는 음식을 말한다. 온도에 따라 차가운 디저트, 따뜻한 디저트, 얼린 디저트로 나눌 수 있다.

8) 생과자(Mignardises)

- **5코스 메뉴**

Appetizer - Soup - Main - Dessert - Coffee or Tea

- **7코스 메뉴**

Appetizer - Soup - Fish - Sherbet - Main - Dessert - Coffee or Tea

Appetizer - Soup - Fish - Main - Salad - Dessert - Coffee or Tea

- **9코스 메뉴**

Appetizer - Soup - Fish - Sherbet - Main - Salad - Dessert - Coffee or Tea - Mignardises
코스가 길어질수록 음식의 양과 크기는 축소된다.

4. 서양요리 조리방법

모든 조리는 시간에 따라, 어떤 조리방법을 사용하였나에 따라 영양분의 손실을 최소화할 수 있다. 조리방법은 크게 건열 조리법과 습열 조리법으로 나눈다. 올바른 조리방법을 사용하여 숙련된 동작과 기술로 맛있는 요리를 만들수 있다.

(1) 건열 조리법(Dry-heat Cooking Method)

음식에 액체가 첨가되지 않고 직접열, 간접열을 이용하여 조리하는 방법으로 맛과 풍미를 위해 기름을 첨가하여 사용하기도 한다. 건열 조리법은 습열 조리법보다 고온에서 조리되는데, 이는 물은 100℃에서 끓기 시작하지만, 오븐 내부온도는 260℃ 이상으로 올라가기 때문이다.

1) 브로일링(Broiling)
위에서 내려오는 직화열을 이용한 방법으로 온도 조절은 석쇠나 불판에서 재료를 올려놓은 후 재료와 불과의 거리를 조절하여 맞춘다.

2) 그릴링(Griling)
브로일링과 유사하나 그릴링은 밑에서 올라오는 열에 의한 조리방법이다. 조리 시 나오는 육즙이나 지방이 타면서 스모크향이 나게 되며, 주로 스테이크의 표면에 색을 내고 익힐 때 쓰인다.

3) 소테잉(Sauteing)
순간적으로 재료를 볶아주는 방법으로 수분이 쉽게 증발할 수 있는 납작한 팬을 사용하며 팬은 충분히 가열되어있는 상태에서 소테잉해줘야 단시간에 재료를 익힐 수 있다.

4) 베이킹(Baking)
밀폐된 공간(oven) 내의 건조된 뜨거운 공기를 통해 음식을 익히는 조리방법이다.

5) 로스팅(Roasting)
베이킹의 일종으로 큰 덩어리의 육류나 가금류, 감자 등을 익힐 때 사용하는 조리방법이다. 고기를 로스팅 방법으로 조리하면 표면의 색은 갈변되지만, 내부는 수분이 유지되어 육즙이 빠져나가지 않고 맛있게 구워진다.

6) 딥 팻 프라잉(Deep Fat Frying)
140~190℃ 온도의 기름에 재료를 넣고 튀기는 방법인데, 기름이 액체임에도 건열 조리법에 포함되는 이유는 기름에는 수분이 존재하지 않기 때문이다. 단시간 내에 익힐 수 있어 영양 손실은 적지만, 열량이 증가한다는 단점이 있다.

7) 그라틴(Gratin)
조리된 음식 위에 빵가루, 치즈, 소스 등을 올려 살라만더나 오븐에 넣고 겉면에 색이 나도록 익혀내는 방법이다.

8) 스모킹(Smoking)
연기의 성분이 재료 표면에 흡수되면서 풍미와 높은 저장성을 갖게 하는 조리방법이다. 훈제라고도 하며, 훈제하기 전에는 반드시 절임 과정을 거치는데 이로 인해 박테리아를 막을 수 있다.

(2) 습열 조리법 (Moist-heat Cooking Method)

뜨거운 수증기나 수분을 직접 식재료에 넣어 음식물을 익히는 조리방법이다. 육류 단백질의 섬유질과 채소의 섬유소를 부드럽게 만들어 주는 장점이 있으며, 재료의 색이 변하고 식재료 고유의 비타민과 미네랄 등이 빠져나간다는 단점이 있다.

1) 보일링(Boiling)
100℃의 끓는 물에서 식재료를 익히는 방법으로 가장 대표적인 습열 조리법에 해당한다.

2) 포칭(Poaching)
물이 끓지 않는 온도에 재료를 넣어 은근하게 익혀내는 방법으로, 재료가 끓는 상태에서는 깨지거나 부서지기 쉬운 섬세한 재료를 익히는 데 주로 사용한다.

3) 시머링(Simmering)
포칭보다는 높고 보일링보다는 낮은 온도에서 조리하는 방법으로, 끓이기보다는 은근한 불에서 큰 육류 덩어리를 연하게 만들 때 사용한다.

4) 블랜칭(Blanching)
끓는 물에 재료를 잠시 넣었다가 건져내는 방법으로, 녹색 채소를 블랜칭하는 경우 채소의 푸른색은 살려 더욱 더 선명하게 해주며 육류나 생선을 블랜칭하는 경우 표면의 불순물을 제거하여 잡냄새를 잡아준다.

5) 스티밍(Steaming)
끓는 물에서 발생하는 수증기를 이용하여 익히는 방법으로 재료의 형태, 조직감, 색을 유지해주기 때문에 물에 넣어 조리하는 것보다 영양 손실이 적다.

5. 서양요리 기본 썰기 용어

(1) 줄리엔느(Jullienne)

　　5cm 정도의 길이로 가늘고 길게 써는 것

(2) 브루노이즈(Brunoise)

　　가로, 세로, 높이 0.3cm의 주사위 모양으로 써는 것

(3) 스몰 다이스(Small Dice)

　　가로, 세로, 높이 0.6cm의 주사위 모양으로 써는 것

(4) 미디움 다이스(Midium Dice)

　　가로, 세로, 높이 1.2cm의 주사위 모양으로 써는 것

(5) 라지 다이스(Large Dice)

　　가로, 세로 높이 2cm의 주사위 모양으로 써는 것

(6) 콩카세(Concasse)

　　가로, 세로 0.5cm의 주사위 모양으로 써는 것

(7) 올리베토(Olivette)

　　올리브 모양으로 다듬는 것

(8) 퐁-뇌프(Pont-Neuf)

　　가로, 세로 1.5cm~2cm, 길이 6cm 모양으로 써는 것

(9) 파리지엔(Parisienne)

　　둥근 구슬 모양으로 스쿱(scoop)을 이용하여 파는 것

(10) 비취(Vichy)

　　0.5cm 두께로 둥글게 썬 후, 동전 모양으로 가장자리를 다듬는 것

(11) 샤또(Chateau)

　　올리베토와 비슷하나 오크통 모양으로 다듬는 것

(12) 쉬포나드(Chiffonade)

　　머리카락, 실처럼 가늘게 써는 것

(13) 찹(Chop)

　　곱게 다지는 것

6. 기본재료 손질 방법

(1) 칼 잡는 방법

1) 칼을 잡은 손은 엄지와 검지로 칼날과 손잡이 부분을 단단하게 잡고, 재료를 잡은 손은 손가락을 구부린 상태로 재료를 잡고 칼질을 한다.

2) 채썰기를 할 때는 납작하게 편으로 자른 재료를 여러 겹으로 겹친 상태에서 손끝이 보이지 않도록 손가락을 구부린 상태로 칼질을 한다.

3) 다지기를 할 때도 재료를 잡는 손의 손가락은 구부린 상태로 칼질을 한다.

(2) 채소 부케 만들기

1) 채소 부케를 고정할 오이는 높이 2~2.5cm 정도로 자른 후, 가운데 씨 부분을 도려낸다.

2) 롤라로사, 치커리, 홍피망, 차이브 순서대로 손에 올린 후 롤라로사로 감싸 말 듯이 잡는다.

3) 데친 차이브로 풀어지지 않게 묶는다.

4) 묶은 차이브 밑 1~1.5cm을 칼로 자른다.

5) 오이에 채소 부케를 꽂아서 고정한다.

6) 그릇에 담아 놓는다.

(3) 식빵

▨ 〈카나페용〉 - 원형으로 자르기

1) 식빵은 4등분으로 자른다.

2) 칼로 가장자리를 조금씩 매끄럽게 자른다.

3) 직경 4cm의 원형이 되도록 한다.

4) 그릇에 담아놓는다.

▨ 〈가니쉬용〉 - 크루통 만들기

1) 식빵은 가장자리를 잘라내고 사방 0.8~1cm 크기로 자른다.

2) 팬에 버터를 녹이고 식빵을 넣어 볶는다.

3) 노릇하고 바삭하게 구워질 때까지 볶는다.

4) 그릇에 담아놓는다.

식빵 손질법	원형	쉬림프 카나페
	크루통	포테이토 크림 수프

(4) 토마토

▨ 껍질 제거하기

* 1/2개 미만 지급

1) 토마토를 세로로 썬다.

2) 토마토 꼭지 쪽을 잡고 도마 위에 끝부분을 댄 후 칼을 대고 껍질을 제거한다.

3) 씨 부분을 제거한다.

* 1개 지급

1) 꼭지 반대쪽에 열십(+)자로 칼집을 낸다.

2) 나무젓가락으로 고정시킨다.

3) 끓는 물에 토마토를 넣어 칼집을 넣은 껍질이 살짝 말리면 건진다.

4) 손으로 껍질을 제거한다.

토마토 손질법	통째로 슬라이스	BLT 샌드위치 햄버거 샌드위치
	껍질 제거 후 채를 썰거나 다지기	스페니쉬 오믈렛 브라운 스톡 토마토 소스 이탈리안 미트소스 미네스트로니 수프 비프콘소매 수프

(5) 당근

▦ 비취(Vichy) 모양내기

1) 당근은 동그랗게 0.5cm 두께로 썬다.

2) 당근의 옆 부분에 칼집을 넣어 껍질을 제거한다. (당근이 크면 넉넉하게 제거한다.)

3) 사선으로 칼집을 넣어 앞뒤의 모서리를 도려내어 비취(vichy) 모양으로 만든다.

4) 그릇에 담아놓는다.

비취(Vichy Carrort)	서로인 스테이크 살리스버리 스테이크

(6) 부케가르니

▨ 부케가르니

1) 파슬리(또는 셀러리)의 움푹 들어간 면에 통후추를 넣는다.

2) 월계수 잎과 파슬리를 고정하고 정향을 꽂아 고정한다.

3) 그릇에 담아놓는다.

(7) 닭

▨ 닭 다리 뼈 제거 하기

1) 닭 다리는 씻은 후 물기를 제거하고 살에 붙어있는 지방을 제거한다.

2) 닭 다리 끝을 잡고 가운데 뼈 부분에 맞춰 칼집을 넣는다.

3) 뼈가 보이면 뼈에 맞춰 칼집을 넣는다.

4) 뼈가 드러나면 칼을 뼈 밑으로 넣은 후 뼈와 살을 분리한다.

5) 닭다리 끝쪽을 잡고 반대 방향으로 칼을 넣어 완전히 뼈와 살을 분리한다.

6) 살에 붙어 있는 힘줄을 제거한다.

닭 껍질째 사용	치킨 커틀릿
닭 껍질 제거 후 사용	치킨 알라킹

(8) 새우

▒ 삶기

1) 새우의 머리와 등 사이에 이쑤시개를 넣어 내장을 제거한다.
2) 물에 미르포아(Mirepoix)와 새우를 넣고 삶아 익힌다.
3) 새우의 머리와 껍질을 제거한다.
4) 그릇에 담아놓는다.

▒ 튀기기

1) 새우의 머리와 등 사이에 이쑤시개를 넣어 내장을 제거한다.
2) 새우의 머리를 제거하고 껍질을 제거한다. 이때 꼬리와 꼬리 쪽 마지막 한마디의 껍질은 남긴다.
3) 새우 꼬리 쪽에 붙어있는 물총을 제거한다. 제거하지 않으면 튀김 시 기름이 튄다.
4) 새우의 배 쪽에 5~6번 정도 약하게 칼집을 넣는다. 새우를 튀길 때 오그라들지 않기 위함이다. 너무 깊이 넣으면 새우가 끊어질 수 있다.
5) 칼집을 넣은 새우를 가볍게 눌러 새우 모양을 펴 놓는다.

■ 카나페용 손질하기

1) 껍질을 제거한 새우는 꼬리 쪽 한 마디만 남기고 반으로 갈라 2등분 한다.

2) 새우를 양손으로 잡는다.

3) 서로 둥글게 포갠다.

4) 꼬리 쪽을 세워 접시에 담는다.

새우 손질법	삶기	쉬림프 카나페	1) 삶은 후 껍질 제거 후 꼬리 쪽 마지막 마디만 남기고 길이로 반을 가른다. 2) 갈라진 쪽을 바닥에 닿게 하고 꼬리 쪽을 세운다.
		해산물 샐러드	삶은 후 껍질을 제거한다.
	튀기기	프렌치 프라이드 쉬림프	

(9) 퀜넬

■ 퀜넬(Quenelle) 만들기

1) 양념한 참치 타르타르를 한 숟가락 담는다.

2) 같은 모양의 반대쪽 숟가락으로 참치 타르타르를 포개면서 쓸어 담듯이 옮긴다.

3) 다시 한번 같은 방법으로 반대쪽 숟가락으로 옮긴다.

4) 여러 번 반복하여 삼각형의 형태가 되도록 한다.

5) 그릇에 담아놓는다.

(10) 루(Roux) 만들기

▓ 화이트 루(White roux)

1) 약한 불로 팬에 버터를 녹인다.

2) 밀가루를 버터와 동량으로 넣은 다음 나무주걱으로 골고루 섞는다.

3) 은근한 불에서 색이 나지 않게 밀가루와 버터를 볶는다.

4) 그릇에 담아 놓는다.

▓ 브론디 루(Blond roux)

1) 약한 불로 팬에 버터를 녹인다.

2) 밀가루를 버터와 동량으로 넣은 다음 나무주걱으로 골고루 섞는다.

3) 은근한 불에서 색이 나지 않게 밀가루와 버터를 볶는다.

4) 화이트 루 보다 조금 더 색이 나게 볶는다.

5) 그릇에 담아 놓는다.

■ 브라운 루(Brown roux)

1) 약한 불로 팬에 버터를 녹인다.

2) 밀가루를 버터와 동량으로 넣은 다음 나무주걱으로 골고루 섞는다.

3) 은근한 불에서 색이 나지 않게 밀가루와 버터를 볶는다.

4) 화이트 루 보다 조금 더 색이 나게 볶는다.

5) 브론디 루 보다 조금 더 색이 나게 볶는다.

6) 그릇에 담아 놓는다.

(11) 파슬리

■ 파슬리 가루 만들기

1) 파슬리는 씻어 물기를 제거하고 잎만 떼어낸다.

2) 곱게 다진다.

3) 면 보자기에 다진 파슬리를 넣고 감싼다.

4) 물에 조물조물 주물러 푸른 물을 뺀다.

5) 물기가 완전히 제거되도록 꼭 짠다.

6) 면 보자기를 펼쳐서 그릇에 담는다.

파슬리 손질법	장식	쉬림프 카나페 프렌치 프라이드 쉬림프
	파슬리 가루	미네스트로니 수프 프렌치어니언 수프(마늘 바게트) 비프스튜 이탈리안 미트소스 타르타르 소스 스파게티 카르보나라 토마토 해산물 스파게티

7. 서양요리 향신료의 식재료

(1) 바질(Basil)

향은 향긋하며 상큼한 향에 매운 향이 나며, 바질 향은 머리를 맑게 하고 두통을 없애는 효과가 있다. 토마토와 해산물과 잘 어울리며, 말려서도 사용하지만 생으로 사용하면 향을 더 잘 느낄 수가 있다.

(2) 딜(Dill)

잎은 가늘고 길며 깃털같이 생겼고 녹색의 푸른색이다. 주로 생선과 같은 해산물과 같이 사용되며 비린내를 제거해준다.

(3) 처빌(Chervil)

처빌은 생선 요리와 닭고기요리에 자주 사용되며, 생긴 모양이 예뻐서 샐러드나 차가운 음식에 가니쉬로 사용된다. 파슬리와 비슷하지만, 파슬리보다는 더 섬세한 향을 가지고 있다.

(4) 차이브(Chive)

파의 일종으로 톡 쏘는 향을 갖고 있어 식욕을 돋우는 역할을 해준다. 또한, 차이브가 가지고 있는 알리신이라는 성분은 휘발성이라 물에 담그거나 가열하면 향이 사라지기 때문에 마지막에 사용하는 것이 좋다. 특히 차가운 감자 수프랑 곁들여 먹으면 고소한 맛이 배가 된다.

(5) 파슬리(Parsley)

파슬리는 다양한 용도로 사용되는데 줄기는 육수를 내는 데 사용하고 잎은 다지거나 장식용으로 사용하기도 한다. 파슬리는 두 가지 종류가 있는데 잎끝이 꾸불거리는 컬리 파슬리(Curly Parsley)가 있고, 잎끝이 넓고 납작한 이태리안 파슬리(Italyan Parsley)가 있다.

(6) 월계수 잎(Bay Leaf)

향신료의 어머니라 불리는 월계수 잎은 대부분의 서양요리에 사용된다. 월계수는 잎을 제외한 다른 부분에는 독성이 있으므로 잎만 식용할 수 있다. 모든 고기를 이용한 요리에 사용할 수 있으며 대부분 조리 시작 전에 사용하며 다른 향신료와 함께 사용하면 더욱더 좋은 풍미를 얻을 수 있다.

(7) 정향(Clove)

향신료 중에서 가장 맛과 향이 강한 것으로 알려져 있으며, 강한 향 때문에 양을 조절해서 사용해야 음식의 맛을 잘 살릴 수 있다. 또한, 향신료 중에서 방부 효과와 살균력도 강력해서 약재로도 사용되며 화장품이나 치약에도 사용된다.

(8) 통후추(Peppercorn)

향이 매우며 자극적인 것이 특징이다. 후추는 같은 종자에서 나오지만 어떤 제조과정을 거치느냐에 따라서 색이 다양해진다. 우선 녹색 다발의 후추 열매들이 익으면서 붉게 변하게 되고 말린 후추들은 흰색, 검은색, 핑크색으로 다양한 색을 가지게 된다. 흰색 후추는 순한 맛이 나고 다른 후추에 비해서 향이 부족하고, 핑크 후추는 매운맛보다는 향이 강하다. 흰색 후추는 흰색 소스나 생선 요리에 주로 사용되고, 녹색 후추는 수프나 크림소스, 스테이크 같은 고단백 음식에 사용되어 소화를 돕는다.

(9) 케이퍼(Caper)

연어 요리에 빠지지 않고 나오는 케이퍼는 새싹에서 향료를 채취하고, 꽃봉오리로 피클을 만든다. 오랜 역사가 있는 전통적인 향신료로 훈제한 생선과 같이 먹으면 좋은 풍미를 느낄 수 있으며, 다져서 소스나 드레싱에 사용되기도 한다.

(10) 롤라로사(Lolla Rossa)

이탈리아어로 장미처럼 붉다는 뜻으로 색이 예쁜 이탈리아 상추이다.

(11) 그린 치커리(Green Chicory)

잎과 열매, 뿌리를 모두 먹지만 대중적으로는 잎을 즐겨 먹는다. 잎은 샐러드로 주로 먹고, 열매나 뿌리는 약재로도 사용된다.

(12) 셀러리(Celery)

미나리과에 해당하며 주로 줄기만 먹고 잎은 향이 강하기 때문에 비린내를 없애주고 느끼함을 줄여 주기 때문에 육수를 내는 데 사용한다. 셀러리는 열량이 거의 없고 포만감을 주기 때문에 다이어트에 좋고, 섬유질이 많아 변비에도 좋다.

(13) 그린 올리브(Green Olive)

올리브 나무의 열매로 지중해 유역의 요리에 많이 사용된다. 그린 올리브가 완전히 익으면 블랙 올리브가 되며 올리브를 짠 기름을 올리브유라고 한다. 올리브 유로 더 유명하지만, 샐러드, 파스타, 피자 등에 많이 사용되며, 열량의 80% 정도가 지방이지만 대부분 몸에 좋은 불포화 지방산으로 건강식품이다.

(14) 그린 빈스(Green Beans)

긴 줄기 모양의 완두콩이 들어있는 콩깍지이다. 껍질이 연하고 부드러우며 소화가 잘되고 열량이 낮다. 프레시한 것도 판매하지만 대게는 통조림이나 냉동으로도 판매되고 있다.

8. 계량 및 온도 계산법

식품 계량이란 식품을 조리하기 전에 기구를 이용해서 양을 재는 일을 말한다. 식품의 계량에 따라 음식을 준비하는 과정과 결과물의 맛이 달라질 수 있으므로 정확한 계량 도구를 사용하여 올바른 계량방법으로 측정해야 한다. 고체로 된 것은 무게로 측정하고 액체나 가루로 된 것은 부피로 측정한다.

(1) 계량 도구

계량 도구로는 자동저울, 계량컵, 계량스푼이 있다.

(2) 계량 방법

자동저울은 전원을 켠 후 0점에 맞추고 원하는 재료의 무게를 측정하고, 계량컵이나 계량스푼을 사용할 때에는 원하는 재료를 빈 곳 없이 채운 후 깎아서 측정한다.

(3) 계량 단위

1 Cup = 1C = 200mL (200cc)

1 Tablespoon = 1Ts = 15g (15cc)

1 teaspoon = 1ts = 5g (5cc)

(4) 온도계산법

온도의 단위는 섭씨온도(Celsius)인 ℃와 화씨온도(Fahrenheit)인 ℉ 두 가지가 있다.

우리나라는 섭씨온도를 사용하는 반면에 미국에서는 화씨온도를 사용한다.

끓는 점 섭씨 100℃는 화씨 212℉이며, 어는 점 0℃는 화씨 32℉이다.

• 화씨 → 섭씨로 고치는 공식

(℉ − 32) × 5 ÷ 9 = ℃

예 (212℉ − 32) × 5 ÷ 9 = 100℃

• 섭씨 → 화씨로 고치는 공식

℃ × 9 ÷ 5 + 32 = ℉

예 0℃ × 9 ÷ 5 + 32 = 32℉

스패니쉬 오믈렛
Spanish Omelet

오믈렛(Omelet)은 달걀을 풀어 얇게 부쳐 만드는 달걀 요리로, 기호와 식감에 따라 우유나 생크림을 넣기도 한다. 또한 넣는 식재료에 따라 이름은 달라지며 주로 아침 식사나 브런치 메뉴로 잘 알려져 있지만, 메인요리나 디저트로도 이용된다.

30분 시험시간

요구사항

가. 토마토, 양파, 청피망, 양송이, 베이컨은 0.5cm 정도의 크기로 썰어 오믈렛 소를 만드시오.

나. 소가 흘러나오지 않도록 하시오.

다. 소를 넣어 나무젓가락과 팬을 이용하여 타원형으로 만드시오.

지급재료목록

- **토마토** 중(150g 정도) **1/4개**
- **양파** 중(150g 정도) **1/6개**
- **청피망** 중(75g 정도) **1/6개**
- **양송이** 1개 **10g**
- **베이컨** 길이 25~30cm **1/2조각**
- **토마토케첩 20g**

- **검은후춧가루 2g**
- **소금** 정제염 **5g**
- **달걀 3개**
- **식용유 20㎖**
- **버터** 무염 **20g**
- **생크림** 조리용 **20㎖**

누구도 알려주지 않는 한끗 Tip

♨ 코팅이 잘 되어 있지 않은 팬은 아무리 온도가 알맞아도 달걀물이 팬에 달라 붙을 수 있으니, 버터를 넣기 전 식용유로 팬을 코팅해준다면 실패할 확률을 줄일 수 있다.

♨ 토마토는 뜨거운 물에 넣었다 빼면 껍질이 벗겨지지만, 지급되는 토마토 양이 적으면 칼로 껍질을 제거하여 사용한다.

♨ 달걀물을 체에 내리면 알끈과 달걀 껍질이 제거되어 매끈한 오믈렛을 만들 수 있다.

♨ 오믈렛을 만들기 전, 볶은 속재료를 미리 숟가락에 담으면 시간을 절약할 수 있다.

감독자의 체크 Point

📖 속 재료의 크기를 일정하게 한다.

📖 오믈렛의 스크램블상태에 유의한다.

📖 오믈렛 표면에 색이 나지 않게 한다.

📖 오믈렛을 갈랐을 때 달걀물이 흐르지 않게 한다.

만드는 방법

1 재료 썰기 양파, 양송이, 청피망, 베이컨은 0.5cm 크기로 자르고, 토마토는 껍질과 씨를 제거하여 0.5cm 크기로 썬다.

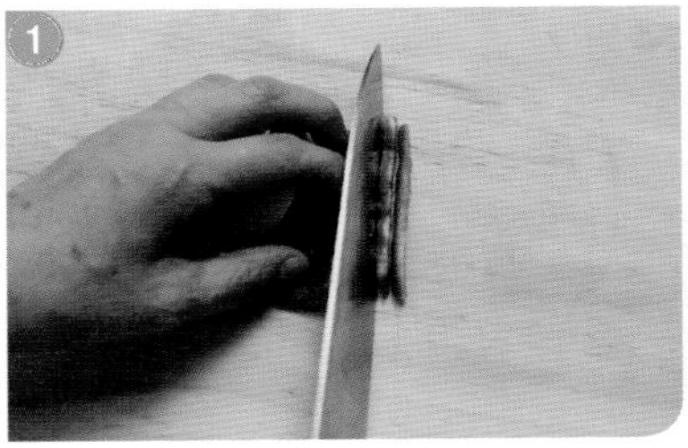

2 달걀물 만들기 볼에 달걀을 깨 넣고 나무젓가락을 이용하여 잘 풀어준 후, 체에 내리고 생크림을 섞는다.

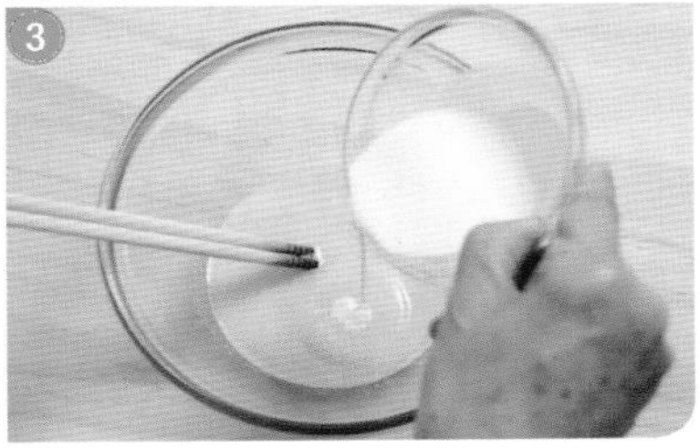

3 속재료 만들기 팬에 베이컨을 볶다가 버터를 넣고 양파, 양송이, 청피망, 토마토 순서대로 볶는다. 토마토케첩을 넣고 볶다가 소금, 검은 후춧가루로 간을 하고 접시에 옮겨 담는다.

4 **오믈렛 만들기**   오믈렛 팬을 예열하고 식용유로 충분히 코팅한 후 버터를 넣고 녹으면 달걀물을 넣고 나무젓가락으로 빠르게 저어 스크램블 한다. 부드럽고 촉촉하게 반 정도 익었을 때, 속재료를 가운데 올리고 오믈렛 팬을 약간 기울여 반 정도 접는다. 오믈렛 팬 끝쪽으로 살살 밀어 나머지 반도 접어 타원형으로 만든 후 나무젓가락을 이용해 오믈렛을 뒤집는다.

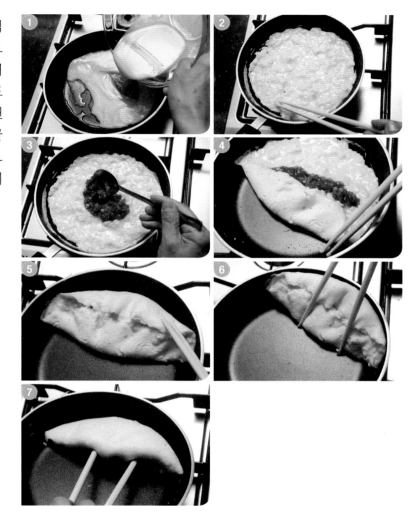

5 **완성하기**   완성 접시에 스패니쉬 오믈렛을 담는다.

1	2	3	4	5
재료 썰기	달걀물 만들기	속재료 만들기	오믈렛 만들기	완성하기

치즈오믈렛

Cheese Omelet

오믈렛(Omelet)은 달걀을 풀어 얇게 부쳐 만드는 달걀 요리로, 기호와 식감에 따라 우유나 생크림을 넣기도 한다. 또한 넣는 식재료에 따라 이름은 달라지며 주로 아침 식사나 브런치 메뉴로 잘 알려져 있지만 메인요리나 디저트로도 이용된다.

20분 시험시간

요구사항

가. 치즈는 사방 0.5cm 정도로 자르시오.

나. 치즈가 들어가 있는 것을 알 수 있도록 하고, 익지 않은 달걀이 흐르지 않도록 만드시오.

다. 나무젓가락과 팬을 이용하여 타원형으로 만드시오.

지급재료목록

- 달걀 3개
- 치즈 가로, 세로 8cm 정도 1장
- 버터 무염 30g
- 식용유 20㎖
- 생크림 조리용 20㎖
- 소금 정제염 2g

누구도 알려주지 않는 한끗 Tip

♧ 달걀 물에 생크림을 많이 넣으면 오믈렛을 만들 때 색이 빨리 나고 부서질 수 있다.

♧ 치즈로 인해 겉 표면에 색이 많이 날 수 있다.

감독자의 체크 Point

📖 오믈렛의 스크램블 상태에 유의한다.

📖 오믈렛 표면에 색이 나지 않게 한다.

📖 오믈렛을 갈랐을 때 달걀물이 흐르지 않게 한다.

1 **재료 썰기** 치즈는 0.5cm 크기로 썬다.

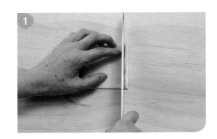

2 **달걀물 만들기** 볼에 달걀을 깨 넣고 나무 젓가락을 이용하여 풀어준 후, 체에 내리고 치즈(1/2)와 생크림을 넣고 섞는다.

3 오믈렛 만들기 오믈렛 팬을 예열하고 식용유로 충분히 코팅 한 후, 버터가 녹으면 달걀 물을 넣어 나무 젓가락으로 빠르게 저어 스크램블 한다. 부드럽고 촉촉하게 반 정도 익었을 때, 남은 치즈를 가운데에 올리고 오믈렛 팬을 약간 기울여 반정도 접은 다음 오믈렛 팬 끝쪽으로 살살 밀어 나머지 반을 접어 타원형으로 만든 후 나무 젓가락을 이용해 오믈렛을 뒤집는다.

4 완성하기 완성 접시에 치즈 오믈렛을 담는다.

1	2	3	4
재료 썰기	달걀물 만들기	오믈렛 만들기	완성하기

시저 샐러드

Caesar Salad

시저 샐러드(Caesar Salad)는 로마시대의 시저황제가 즐겨 먹었다 하여 불려진 샐러드로,
세계적으로 잘 알려져 있는 샐러드 중 하나이다.

35분 시험시간

요구사항

가. 마요네즈(100g 이상), 시저 드레싱(100g 이상), 시저 샐러드(전량)를 만들어 3가지를 각각 별도의 그릇에 담아 제출하시오.

나. 마요네즈(Mayonnaise)는 달걀노른자, 카놀라오일, 레몬즙, 디존 머스터드, 화이트와인 식초를 사용하여 만드시오.

다. 시저 드레싱(Caesar Dressing)은 마요네즈, 마늘, 앤초비, 검은후춧가루, 파미지아노 레기아노, 올리브오일, 디존 머스터드, 레몬즙을 사용하여 만드시오.

라. 파미지아노 레기아노는 강판이나 채칼을 사용하시오.

마. 시저 샐러드(Caesar Salad)는 로메인 상추, 곁들임(크루통(1cm×1cm), 구운 베이컨(폭 0.5cm), 파미지아노 레기아노), 시저 드레싱을 사용하여 만드시오.

지급재료목록

- 달걀 60g 정도, 상온에 보관한 것 **2개**
- 디존 머스타드 **10g**
- 레몬 **1개**
- 로메인 상추 **50g**
- 마늘 **1쪽**
- 베이컨 **15g**
- 앤초비 **3개**
- 올리브오일 extra virgin **20㎖**
- 카놀라오일 **300㎖**
- 식빵 슬라이스 **1개**
- 검은 후춧가루 **5g**
- 파미지아노 레기아노 덩어리 **20g**
- 화이트와인식초 **20㎖**
- 소금 **10g**

누구도 알려주지 않는
한끗 Tip

♡ 마요네즈를 만들 때 노른자에 카놀라 오일을 한 번에 많이 넣으면 노른자와 오일이 분리 될 수 있으니 조금씩 넣는다.

♡ 제출하기 직전에 로메인 상추와 시저 드레싱을 섞어 완성한다.

감독자의 체크
Point

📖 마요네즈가 분리되지 않도록 한다.

📖 시저 드레싱의 농도가 묽거나 되지 않게 한다.

📖 완성된 샐러드에 드레싱 양이 알맞게 섞여 있고 제출하는 드레싱 양에 유의한다.

1 **재료손질**　로메인 상추는 씻은 후, 손으로 뜯어 찬물에 담근다. 마늘과 앤초비는 다지고, 파미지아노 레기아노는 강판을 사용하여 간다. 레몬은 즙을 짜놓는다.

2 **마요네즈 만들기**　볼에 달걀 노른자를 넣고 디존 머스타드를 넣어 거품기로 골고루 섞은 후, 카놀라 오일을 조금씩 넣어가며 분리되지 않도록 젓는다. 농도가 나오면 레몬즙, 화이트 와인 식초, 소금을 첨가하여 완성한다. 이 때 마요네즈 100g은 제출용으로 담고 나머지를 시저 드레싱에 사용한다.

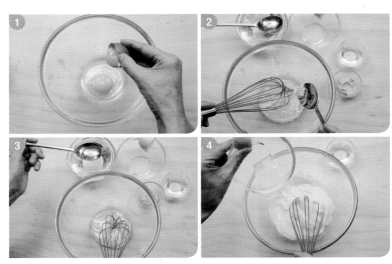

3 **시저 드레싱 만들기**　마요네즈에 다진 마늘과 다진 앤초비, 디존 머스타드, 레몬즙, 올리브 오일, 파미자아노 레기아노, 검은 후춧가루를 넣고 골고루 섞어 시저 드레싱을 완성한다. 이 때 시저 드레싱 100g은 제출용으로 담는다.

4 가니쉬 만들기 식빵은 가장자리를 잘라내고 1cm 정사각형으로 썰어 팬에 볶아서 크루통을 만든다. 베이컨은 0.5cm 크기로 썰어 팬에 볶아 기름을 제거한다.

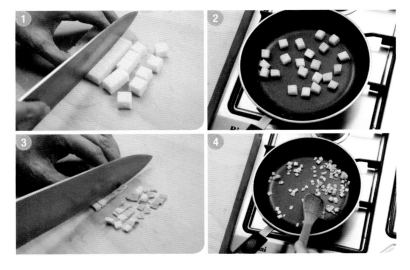

5 시저 샐러드 만들기 로메인 상추의 물기를 제거하여 볼에 넣고 시저 드레싱을 넣어 나무젓가락을 이용하여 가볍게 골고루 섞는다.

6 완성하기 완성접시에 시저 샐러드를 담고 크루통과 베이컨을 위에 올리고 파미지아노 레기아노를 강판을 이용해 갈아 보기 좋게 뿌려 완성한다. 시저 샐러드와 마요네즈, 시저 드레싱을 함께 제출한다.

1	2	3	4	5	6
재료 준비	마요네즈 만들기	시저 드레싱 만들기	가니쉬 만들기	시저 샐러드 만들기	완성하기

월도프 샐러드

Waldorf Salad

월도프 샐러드(Waldorf Salad)는 전통적으로 주사위 모양으로 썬 사과와 셀러리,
호두를 마요네즈에 묻혀내는 조리방식의 샐러드이다.

20분 시험시간

요구사항

가. 사과, 셀러리, 호두알을 1cm 정도의 크기로 써시오.

나. 사과의 껍질을 벗겨 변색되지 않게 하고, 호두알의 속껍질을 벗겨 사용하시오.

다. 상추 위에 월도프샐러드를 담아내시오.

지급재료목록

- **사과** 200~250g 정도 **1개**
- **셀러리 30g**
- **호두** 중(겉껍질 제거한 것) **2개**
- **레몬** 길이(장축)로 등분 **1/4개**
- **소금** 정제염 **2g**
- **흰 후춧가루 1g**
- **마요네즈 60g**
- **양상추** 2잎 정도, 잎상추로 대체 가능 **20g**
- **이쑤시개 1개**

누구도 알려주지 않는 한끗 Tip

☞ 사과를 레몬즙에 버무려 놓으면 사과가 변색하지 않는다.

☞ 사과와 마요네즈를 버무리기 전에 사과의 수분을 제거한다.

☞ 월도프 샐러드를 만들 때 마요네즈를 너무 많이 넣으면 질어지므로 조금씩 넣어가며 버무린다.

감독자의 체크 Point

📖 사과와 셀러리, 호두의 크기가 일정해야 한다.

📖 마요네즈를 버무리기 전에 사과의 수분 상태를 확인한다.

1 **재료 준비** 양상추는 찬물에 담그고, 냄비에 물을 끓여 물이 따뜻해지면 호두를 넣어 불려준다.

2 **재료 썰기** 레몬은 즙을 짜 놓는다. 사과는 4등분하여 껍질과 씨를 제거한 후, 사방 1cm 크기로 썰어 레몬즙에 버무린다. 셀러리는 섬유질을 제거하고 사방 1cm 크기로 썬다.

3 **호두 손질하기** 물에 불린 호두는 이쑤시개를 이용하여 껍질을 제거하고 1cm 크기로 썬다.

4 **월도프 샐러드 만들기** 사과는 물기를 제거하고, 볼에 사과, 셀러리, 마요네즈, 소금, 흰 후춧가루와 호두를 넣고 골고루 버무린다.

5 **완성하기** 양상추의 물기를 제거하여 완성 접시에 놓고, 월도프 샐러드를 담는다.

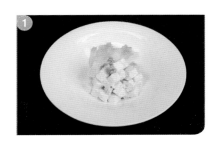

1	2	3	4	5
재료 준비	재료 썰기	호두 손질하기	월도프 샐러드 만들기	완성하기

포테이토 샐러드
Potato Salad

포테이토 샐러드(Potato Salad)는 감자를 삶아 마요네즈와 버무린 샐러드로 가장 쉽고 흔한 샐러드이다.

30분 시험시간

 요구사항

가. 감자는 껍질을 벗긴 후 1cm 정도의 정육면체로 썰어서 삶으시오.

나. 양파는 곱게 다져 매운맛을 제거하시오.

다. 파슬리는 다져서 사용하시오.

지급재료목록

- **감자** 150g 정도 **1개**
- **양파** 중(150g 정도) **1/6개**
- **파슬리** 잎, 줄기 포함 **1줄기**
- **소금** 정제염 **5g**
- **흰 후춧가루 1g**
- **마요네즈 50g**

누구도 알려주지 않는
한끗 Tip

♧ 감자는 삶은 후 건진 그대로 실온에서 식힌다.

♧ 마요네즈 양이 너무 많으면 샐러드가 질어지기 때문에 조금씩 넣어가며 버무려야 한다.

감독자의 체크
Point

📖 감자는 일정한 크기로 썰고, 완전히 익힌다.

1 재료 준비 파슬리는 찬물에 담근다.

2 재료 썰기 감자는 깨끗하게 씻은 다음 껍질을 벗기고 사방 1cm 크기로 썰어 찬물에 담고, 양파는 곱게 다져 찬물에 담가 매운맛을 제거한 후 면보에 짜서 수분을 제거한다.

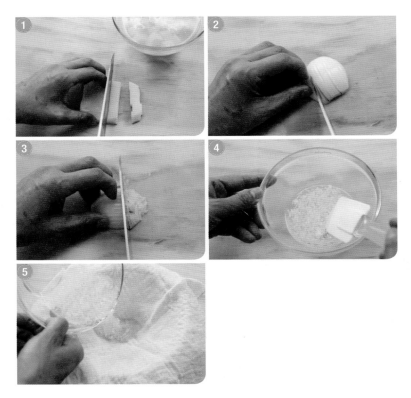

3 감자 삶기 끓는 물에 소금을 넣고 감자를 넣어 부서지지 않을 정도로 삶아 체로 건져 넓은 접시에 펼쳐 식힌다.

4 파슬리 가루 만들기 파슬리의 수분을 제거하고 곱게 다진 후, 면보에 넣고 물에 헹구어 수분을 제거하여 파슬리 가루를 만든다.

*자세한 설명은 p.22~p.23 참고

5 포테이토 샐러드 만들기 물기 없는 볼에 양파와 마요네즈, 소금, 흰 후춧가루를 넣고 섞은 다음 감자를 넣어 살살 버무린다.

6 완성하기 완성 접시에 포테이토 샐러드를 담고, 파슬리 가루를 뿌려서 제출한다.

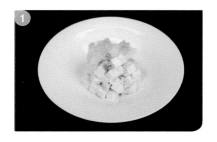

1	2	3	4	5	6
재료 준비	재료 썰기	감자 삶기	파슬리 가루 만들기	포테이토 샐러드 만들기	완성하기

해산물 샐러드

Seafood Salad

해산물 샐러드(Seafood salad)는 영양가 많은 해산물과 신선한 채소가 어우러진 샐러드이다.

30분 시험시간

가. 미르포아(Mirepoix), 향신료, 레몬을 이용하여 쿠르부용(Court Bouillon)을 만드시오.

나. 해산물은 손질하여 쿠르부용(Court Bouillon)에 데쳐 사용하시오

다. 샐러드 채소는 깨끗이 손질하여 싱싱하게 하시오.

라. 레몬 비네그레트는 양파, 레몬즙, 올리브오일 등을 사용하여 만드시오.

지급재료목록

- 새우 30~40g **3마리**
- 관자살 개당 50~60g 정도(해동 지급) **1개**
- 피홍합 길이 7cm 이상 **3개**
- 중합 지름 3cm 정도 **3개**
- 양파 중(150g 정도) **1/4개**
- 마늘 중(깐 것) **1쪽**
- 실파 1뿌리 **20g**
- 그린치커리 **2줄기**
- 양상추 **10g**
- 롤라로사(Lollo Rossa) 잎상추로 대체 가능 **2잎**
- 올리브오일 **20㎖**
- 레몬 길이(장축)로 등분 **1/4개**
- 식초 **10㎖**
- 딜 fresh **2줄기**
- 월계수잎 **1잎**
- 셀러리 **10g**
- 흰 통후추 검은 통후추 대체 가능 **3개**
- 소금 정제염 **5g**
- 흰 후춧가루 **5g**
- 당근 둥근 모양이 유지 되게 등분 **15g**

누구도 알려주지 않는 한끗 Tip

☞ 레몬즙은 쿠르브용과 비네그레트 두 곳에 사용한다. 즙을 짜고 남은 레몬은 버리지 않고 쿠르브용에 함께 넣고 끓여 해산물의 비린내를 잡게 한다.

☞ 해산물은 종류별로 익는 속도가 다르니 순서대로 익힌다.

☞ 레몬 비네그레트에는 오일과 산성재료(식초, 레몬즙)가 들어가 있기 때문에 제출하기 직전에 뿌린다.

용어설명

비네그레트(Vinegrette)
일반적으로 오일과 신맛의 비율을 3 : 1로 하여 만드는 드레싱의 종류이다.
쿠르브용(Court Bouillon)
생선이나 해산물을 익히는 전용 육수로 여러 가지 채소와 허브, 레몬 등을 물에 넣고 끓여 만든다.
미르포아(Mirepoix)
양파, 당근, 셀러리 등을 잘게 다져 놓은 것을 말한다.

감독자의 체크
Point

📖 해산물을 완전하게 익힌다.
📖 레몬 비네그레트가 분리되지 않도록 한다.

만드는 방법

1 재료 준비 샐러드용 채소는 찬물에 담그고, 레몬은 즙을 짜 놓는다.

2 재료 썰기 쿠르브용(Crourt Bouillon)에 사용될 미르포아(Mirepoix)는 주사위 모양으로 썰고, 마늘은 다지고, 실파는 3cm 길이로 썬다.

3 쿠르브용(Court Bouillon) 만들기 냄비에 미르포아와 마늘, 실파, 월계수 잎, 흰 통후추, 레몬즙(1/2)과 즙을 짜고 남은 레몬을 넣어 끓인다.

4 해산물 손질하기 새우는 등쪽에 내장을 제거하고 피홍합과 중합은 소금물에 담가 해감을 한다. 관자는 질긴 막을 제거한 다음 0.3cm 두께로 썬다.

*새우 손질법은 p.20 참고

5 **해산물 데치기** 쿠르브용이 끓으면 손질한 새우를 넣고 삶아 찬물에 식히고 꼬리 쪽 1마디만 남기고 껍질을 제거한다. 피홍합과 중합은 쿠르브용에 삶은 후 건져서 식히고 살을 발라 놓는다.

6 **레몬 비네그레트 만들기** 양파는 곱게 다져 물에 담가 매운 맛을 제거하고 면보에 싸서 물기를 제거한다. 물기 없는 볼에 양파와 올리브 오일, 레몬즙(1/2), 식초, 소금, 흰 후춧가루를 넣고 거품기로 저어서 분리되지 않게 섞는다.

7 **완성하기** 샐러드용 채소의 물기를 제거하고 손을 이용해 적당한 크기로 잘라 완성접시에 담고 조화롭게 해산물을 담는다. 제출하기 직전에 레몬 비네그레트를 뿌려 완성한다.

1	2	3	4	5	6	7
재료 준비	재료 썰기	쿠르브용(Court Bouillon) 만들기	해산물 손질하기	해산물 데치기	레몬 비네그레트 만들기	완성하기

쉬림프 카나페

Shrimp Canape

에피타이저(Appetizer)는 전채요리라고도 불리며, 코스 요리 중 가장 먼저 나오는 요리로
식욕을 상승시키는 역할을 한다. 쉬림프 카나페는 에피타이저에 해당하지만,
칵테일 파티나 술안주로도 많이 이용된다.

30분 시험시간

요구사항

가. 새우는 내장을 제거한 후 미르포아(Mirepoix)를 넣고 삶아서 껍질을 제거하시오.

나. 달걀은 완숙으로 삶아 사용하시오.

다. 식빵은 직경 4cm 정도의 원형으로 하고, 쉬림프 카나페는 4개 제출하시오.

지급재료목록

- 새우 30~40g **4마리**
- 식빵 샌드위치용(제조일로부터 하루 경과한 것) **1조각**
- 달걀 **1개**
- 파슬리 잎, 줄기 포함 **1줄기**
- 버터 무염 **30g**
- 토마토케첩 **10g**
- 소금 정제염 **5g**
- 흰 후춧가루 **2g**
- 레몬 길이(장축)로 등분 **1/8개**
- 이쑤시개 **1개**
- 당근 둥근 모양이 유지되게 등분 **15g**
- 셀러리 **15g**
- 양파 중(150g 정도) **1/8개**

누구도 알려주지 않는 한끗 Tip

☞ 새우를 삶을 때 레몬즙과 레몬을 함께 넣으면 새우의 향과 육질이 좋아진다. 하지만 새우를 너무 오래 삶으면 살이 부서질 수 있다.

☞ 식빵은 손질 시 처음부터 크게 다듬지 않고 조금씩 다듬어 알맞은 크기에 맞게 준비한다. 센 불에 토스트하면 식빵이 탈 수 있다.

☞ 달걀을 자를 때, 너무 세게 힘을 주면 노른자가 깨져 빠져나오지 않게 가볍게 힘을 주어 천천히 자른다.

감독자의 체크 **Point**

📖 식빵의 크기 및 토스트 상태에 유의한다.

📖 새우는 오래 익히지 않는다.

📖 새우는 반으로 정확히 자른다.

📖 달걀을 완숙으로 삶는다.

1 재료 준비 파슬리 줄기는 잘라놓고, 파슬리 잎은 찬물에 담근다.

2 달걀 삶기 냄비에 달걀이 잠길 정도의 물과 소금을 넣고, 달걀노른자가 가운데 오도록 한쪽 방향으로 3~5분 정도 깨지지 않게 살살 굴린다. 완숙(15분)으로 삶아 찬물에 식힌다. 달걀 껍데기를 제거하고 칼을 이용해 원형으로 자른다.

3 재료 썰기 미르포아(양파, 셀러리, 당근)를 채 썬다.

4 새우 다듬기 새우는 등쪽 2~3번째 마디에 이쑤시개를 이용해 내장을 제거한다.

*자세한 설명은 p.19 참고

5 새우 삶기 냄비에 미르포아와 물, 소금, 레몬, 파슬리 줄기를 넣고 물이 끓으면 새우를 넣어 삶는다. 새우가 익으면 건져서 식힌다.

6 새우 손질하기   새우는 머리와 껍질을 제거하고, 꼬리 쪽 한 마디만 남기고 반으로 갈라 꼬리가 위로 가도록 세워 놓는다.

*자세한 설명은 p.20 참고

7 식빵 손질하여 굽기   식빵을 4등분 한 후, 가장자리를 조금씩 잘라내 지름이 4cm 정도 되는 원형이 되게 만들어 기름 없는 팬에 앞뒤 노릇하게 모두 토스트 한다.

8 쉬림프 카나페 만들기   식빵에 버터를 바르고 달걀, 새우 순서대로 올린다. 토마토케첩을 새우에 소량 얹고 파슬리잎의 물기를 제거해 새우 위에 장식한다.

9 완성하기   완성 접시에 쉬림프 카나페를 담고, 파슬리를 중앙에 놓는다.

1	2	3	4	5	6	7	8	9	10
재료 준비	달걀 삶기	재료 썰기	새우 다듬기	새우 삶기	식빵 손질하여 굽기	달걀 손질하기	새우 손질하기	쉬림프 카나페 만들기	완성하기

샐러드 부케를 곁들인
참치 타르타르와 채소 비네그레트
Tuna Tartar with Salad Bouquet and Vegetable Vinaigrette

타르타르(Tartar)는 독일 요리의 하나로 익히지 않은 소고기나 생선살을 잘게 썰어 양파, 케이퍼, 허브 등을 넣고
버무려 먹는 음식이다. 비네그레트는 식초와 오일, 허브를 넣어 만든 드레싱을 말한다.

요구사항

가. 참치는 꽃소금을 사용하여 해동하고, 3~4mm 정도의 작은 주사위 모양으로 썰어 양파, 그린올리브, 케이퍼, 처빌 등을 이용하여 타르타르를 만드시오.

나. 채소를 이용하여 샐러드부케를 만드시오.

다. 참치 타르타르는 테이블 스푼 2개를 사용하여 퀜넬(Quenelle) 형태로 3개를 만드시오.

라. 비네그레트는 양파, 붉은색과 노란색의 파프리카, 오이를 가로세로 2㎜ 정도의 작은 주사위 모양으로 썰어서 사용하고 파슬리와 딜은 다져서 사용하시오.

지급재료목록

- 붉은색 참치살 냉동 지급 **80g**
- 양파 중(150g 정도) **1/8개**
- 그린올리브 **2개**
- 케이퍼 **5개**
- 올리브오일 **25㎖**
- 레몬 길이(장축)로 등분 **1/4개**
- 핫 소스 **5㎖**
- 처빌 fresh **2줄기**
- 꽃소금 **5g**
- 흰 후춧가루 **3g**
- 차이브 fresh(실파로 대체 가능) **5줄기**
- 롤라로사(lollo rossa) 잎상추로 대체 가능 **2잎**

- 그린치커리 fresh **2줄기**
- 붉은색 파프리카 150g 정도(5~6cm 정도 길이) **1/4개**
- 노란색 파프리카 150g 정도(5~6cm 정도 길이) **1/8개**
- 오이 가늘고 곧은 것(20cm 정도)(길이로 반을 갈라 10등분) **1/10개**
- 파슬리 잎, 줄기 포함 **1줄기**
- 딜 fresh **3줄기**
- 식초 **10㎖**
- 지참준비물 추가 테이블스푼 퀜넬용, 머릿부분 가로 6cm, 세로(폭) 3.5~4cm 정도 **2개**

누구도 알려주지 않는 한끗 Tip

🧑‍🍳 붉은색 파프리카는 채소 비네그레트와 샐러드 부케에 사용한다.

🧑‍🍳 양파는 채소 비네그레트와 참치 타르타르에 사용한다.

🧑‍🍳 퀜넬(Quenelle)은 럭비공 모양을 말하고, 밥숟가락보다는 약간 옴폭한 모양의 같은 스푼으로 만들어야 볼록하고 예쁘게 나온다.

🧑‍🍳 참치 타르타르의 색과 샐러드 부케의 싱싱함을 위해 채소 비네그레트는 제출하기 직전에 뿌린다.

감독자의 체크 **Point**

📖 샐러드 부케의 균형을 맞춘다.

📖 채소 비네그레트가 분리되지 않도록 한다.

📖 참치 타르타르의 색이 변하지 않아야 한다.

📖 참치 타르타르의 퀜넬 모양이 일정해야 한다.

1 재료 준비 냉동 참치는 연한 소금물에 넣어 해동하고, 부케용 채소는 싱싱하게 찬물에 담근다.

2 채소 비네그레트 재료 썰기 양파, 붉은색과 노란색 파프리카, 오이는 가로와 세로 2mm 정도의 작은 주사위 모양으로 썰고, 파슬리와 딜은 곱게 다진다.

3 채소 비네그레트 만들기 볼에 썰은 채소 올리브 오일, 식초, 소금을 넣고 섞어서 채소 비네그레트를 만든다.

4 샐러드부케 만들기 차이브는 끓는 물에 살짝 데친 후, 찬물에 헹궈 물기를 제거한다. 붉은 색 파프리카의 일부를 채 썰고, 오이는 씨 부분을 원형으로 도려낸다. 부케용 채소를 건져서 물기를 제거하고 롤라로사에 그린 치커리, 붉은 파프리카 채 썬 것을 순서대로 감싸고 데친 차이브로 돌돌 말아 묶고 끝을 자른다. 준비된 오이에 꽂아 고정시킨다.

*자세한 설명은 p.15 참고

5 참치 타르타르 재료 썰기 양파, 그린 올리브, 케이퍼, 처빌을 다진다. 해동된 참치는 면보로 물기를 제거한 후, 3~4mm 정도의 작은 주사위 모양으로 썬다.

6 참치 타르타르 만들기 볼에 양파, 그린 올리브, 케이퍼, 처빌, 참치를 넣고 레몬즙, 올리브 오일, 핫 소스, 소금, 흰 후춧가루를 넣고 가볍게 섞어 참치 타르타르를 만든다.

7 완성하기 완성 접시에 샐러드 부케를 놓고, 똑같은 모양의 스푼을 이용하여 참치 타르타르를 퀸넬(Quenelle)로 3개를 만들어 부케 앞에 보기 좋게 놓는다. 마지막으로 채소 비네그레트를 참치 타르타르와 부케에 뿌려 완성한다.

1	2	3	4	5	6	7
재료 준비	채소 비네그레트 재료 썰기	채소 비네그레트 만들기	샐러드부케 만들기	참치 타르타르 재료 썰기	참치 타르타르 만들기	완성하기

사우전아일랜드 드레싱
Thousand Island Dressing

사우전아일랜드 드레싱(Thousand Island Dressing)은 마요네즈와 토마토케첩을 섞은 후 양파,
셀러리, 피클, 피망, 삶은 달걀 등을 다져서 만드는 방법이 기본이다.
사우전(Thousand)은 '천' 개의 아일랜드(Island)는 '섬'이라는 뜻으로 아마도 재료가 섞여 있을 때의
모습이 수많은 섬으로 보인다 하여 붙여진 이름이다.

20분 시험시간

 요구사항

가. 드레싱은 핑크빛이 되도록 하시오.

나. 다지는 재료는 0.2cm 정도의 크기로 하시오.

다. 드레싱은 농도를 잘 맞추어 100㎖ 이상 제출
하시오.

지급재료목록

- 마요네즈 70g
- 오이피클 개당 25~30g짜리 1/2개
- 양파 중(150g 정도) 1/6개
- 토마토케첩 20g
- 소금 정제염 2g
- 흰 후춧가루 1g
- 레몬 길이(장축)로 등분 1/4개
- 달걀 1개
- 청피망 중(75g 정도) 1/4개
- 식초 10㎖

누구도 알려주지 않는
한끗 Tip

♡ 양파에는 수분이 많기 때문에 칼집을 많이 넣으면 진
액이 흘러나와 양파의 매운맛이 강해지고 식감이 좋지
않다.

♡ 마요네즈와 케첩을 한 번에 섞지 않고 마요네즈에 토
마토케첩을 조금씩 넣어가며 색깔과 농도를 맞춰야 실
패할 확률이 적다.

감독자의 체크
Point

📖 재료의 크기가 일정하도록 한다.

📖 사우전아일랜드 드레싱의 색과 농도에
유의한다.

1 **달걀 삶기** 냄비에 달걀을 넣고 달걀이 잠길 정도의 물을 넣어 완숙(15~16분)으로 삶는다. 찬물에 식혀 껍질을 제거하고 흰자와 노른자를 0.2cm 크기로 다진다.

2 **재료 썰기** 양파는 0.2cm 크기로 썰어 물에 담가 매운맛을 제거하고, 면보에 넣어 수분을 제거한다. 청피망과 오이 피클도 0.2cm 크기로 썰고, 레몬은 즙을 짜 놓는다.

3 **사우전아일랜드 드레싱 만들기** 볼에 마요네즈와 토마토케첩을 넣어 핑크빛이 나도록 섞고, 달걀과 양파, 청피망, 오이 피클을 넣고 섞는다. 식초, 레몬즙을 넣어 농도를 맞추고, 소금과 흰 후춧가루로 간을 한다.

4 **완성하기** 완성 접시에 사우전아일랜드 드레싱을 100㎖ 이상이 되도록 담는다.

1	2	3	4
달걀 삶기	재료 썰기	사우전아일랜드 드레싱 만들기	완성하기

브라운 스톡

Brown Stock

스톡(Stock)은 수프나 소스의 재료가 되는 기본 육수로 소고기, 닭고기, 생선, 채소 등과
향신료를 넣고 장시간 끓여 맛을 우려낸 국물이다.

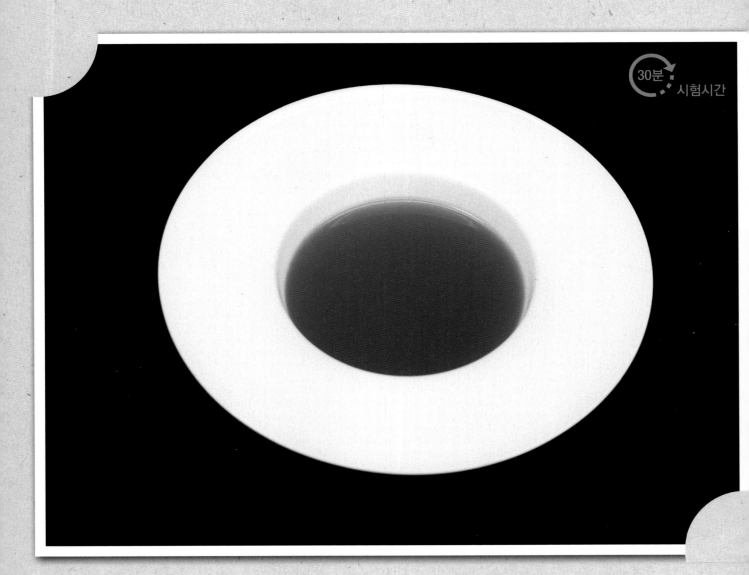

30분 시험시간

 **요구사항**

가. 스톡은 맑고 갈색이 되도록 하시오.

나. 소뼈는 찬물에 담가 핏물을 제거한 후 구워서 사용하시오.

다. 향신료로 사세 데피스(sachet d'epice)를 만들어 사용하시오.

라. 완성된 스톡의 양이 200㎖ 이상이 되도록 하여 볼에 담아내시오.

지급재료목록

- **소뼈** 2~3cm 정도, 자른 것 **150g**
- **양파** 중(150g 정도) **1/2개**
- **당근** 둥근 모양이 유지 되게 등분 **40g**
- **셀러리 30g**
- **검은 통후추 4개**
- **토마토** 중(150g 정도) **1개**
- **파슬리** 잎, 줄기 포함 **1줄기**
- **월계수잎 1잎**
- **정향 1개**
- **버터** 무염 **5g**
- **식용유 50㎖**
- **면실 30cm**
- **다임** fresh(1줄기) **2g**
- **다시백** 10cm×12cm **1개**

누구도 알려주지 않는 한끗 Tip

♡ 소뼈는 핏물과 지방을 제거해야 맑은 스톡을 만들 수 있다.

♡ 소뼈를 구울 때 식용유를 많이 사용하면 완성된 스톡에 기름이 많이 뜨게 된다.

♡ 브라운 스톡에 소금 간은 하지 않는다.

감독자의 체크 Point

📖 브라운 스톡이 탁하지 않게 한다.

📖 완성된 브라운 스톡의 양에 유의한다.

1 **재료 준비** 소뼈는 기름을 제거하고 찬물에 담가 핏물을 뺀다.

2 **재료 썰기** 양파, 당근, 셀러리(미르포아 Mirepoix)는 굵게 채 썰고 토마토는 껍질과 씨를 제거하고 굵게 채썬다.

3 **사세 데피스(Sachet d'epice)만들기** 다시팩 안에 양파, 파슬리, 타임, 월계수잎, 정향, 통후추를 넣고 면실로 묶는다.

4 **소뼈 데치기** 소뼈를 끓는 물에 데쳐서 찬물에 헹군 후 물기를 제거한다.

5 소뼈 굽기　팬에 소량의 식용유를 두르고 소뼈를 갈색이 나도록 앞뒤로 굽는다.

6 브라운 스톡 끓이기　팬에 버터를 두르고 양파, 당근, 셀러리를 넣어 갈색이 나도록 볶다가 소뼈와 토마토, 물 300㎖와 사세 데피스를 넣어 끓인다. 스톡이 끓으면서 생기는 기름과 거품을 제거하고, 맛과 색이 우러나오면 소창에 거른다.

7 완성하기　완성 접시에 브라운 스톡이 200㎖ 이상이 되도록 담는다.

1	2	3	4	5	6	7
재료 준비	재료 썰기	사세 데피스(Sachet d'epice) 만들기	소뼈 데치기	소뼈 굽기	브라운 스톡 끓이기	완성하기

미네스트로니 수프

Minestrone Soup

미네스트로니(Minestrone)는 각종 채소와 토마토가 들어가는 대표적인 이태리식의 수프로서 파스타도 넣어 식감이 좋다. 파스타는 스파게티뿐 아니라 푸실리 같은 숏 파스타도 가능하며, 해산물을 넣어주면 더욱더 풍미가 좋다.

30분 시험시간

요구사항

가. 채소는 사방 1.2cm, 두께 0.2cm 정도로 써시오.

나. 스트링빈스, 스파게티는 1.2cm 정도의 길이로 써시오.

다. 국물과 고형물의 비율을 3:1로 하시오.

라. 전체 수프의 양은 200㎖ 이상으로 하고 파슬리 가루를 뿌려내시오.

지급재료목록

- 양파 중(150g 정도) 1/4개
- 셀러리 30g
- 당근 둥근 모양이 유지 되게 등분 40g
- 무 10g
- 양배추 40g
- 버터 무염 5g
- 스트링빈스 냉동, 채두 대체 가능 2줄기
- 완두콩 5알
- 토마토 중(150g 정도) 1/8개
- 스파게티 2가닥
- 토마토 페이스트 15g
- 파슬리 잎, 줄기 포함 1줄기
- 베이컨 길이 25~30cm 1/2 조각
- 마늘 중(깐 것) 1쪽
- 소금 정제염 2g
- 검은 후춧가루 2g
- 치킨 스톡 물로 대체 가능 200㎖
- 월계수잎 1잎
- 정향 1개

누구도 알려주지 않는 한끗 Tip

♕ 시간 절약을 위해 재료손질을 하기 전, 스파게티 삶을 물을 먼저 끓인다.

♕ 미네스트로니 수프는 다양한 채소가 많이 들어가는데, 채소마다 익는 속도가 다르기 때문에 단단한 채소부터 볶는다.

♕ 토마토 페이스트를 사용할 때는 중불 이하에서 충분히 볶아야 떫은 맛이 제거된다.

감독자의 체크
Point

📖 수프 안에 들어가는 채소는 일정한 크기로 썬다.

📖 완성된 수프의 색 및 농도에 유의한다.

📖 완성된 수프의 양에 유의한다.

1 재료 준비 파슬리는 찬물에 담근다.

2 재료 썰기 양파, 당근, 셀러리, 무, 양배추, 베이컨은 1.2×1.2×0.2cm 크기로 썰고, 스프링빈스는 1.2cm 길이로 썬다. 베이컨은 끓는 물에 데쳐 기름기를 제거한다. 토마토는 껍질과 씨를 제거하고 채소와 같은 크기로 썰고, 마늘은 다진다.

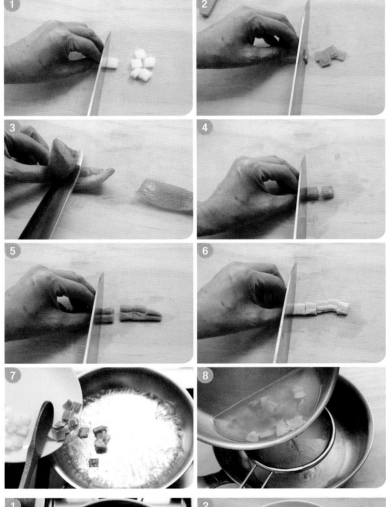

3 스파게티 삶기 및 재료 준비 냄비에 물을 올려 끓으면 스파게티를 넣고 삶는다. 스파게티가 익으면 건져서 1.2cm의 크기로 자른다.

4 **미네스트로니 수프 만들기** 냄비에 버터를 넣어 녹으면 다진 마늘, 양파, 당근, 무, 셀러리, 양배추 순으로 볶은 후, 토마토 페이스트를 넣어 신맛과 떫은맛이 나지 않게 충분히 볶는다. 토마토와 물을 넣고 월계수 잎에 정향을 꽂아 넣고 끓인다. 끓어오르면서 생기는 거품과 기름을 제거한다.

5 **파슬리 가루 만들기** 파슬리의 수분을 제거하고 곱게 다진 후, 면보에 넣고 물에 헹구고, 수분을 제거하여 파슬리 가루를 만든다.

*자세한 설명은 p.22~p.23 참고

6 **완성하기** 수프에 스파게티와 베이컨, 스프링 빈스, 완두콩을 넣고 한 번 더 끓인 후, 월계수 잎과 정향을 건져내고 소금, 검은 후춧가루로 간을 한다. 완성 접시에 수프를 200㎖ 이상이 되도록 담고 파슬리 가루를 뿌린다.

1	2	3	4	5	6
재료 준비	재료 썰기	스파게티 삶기 및 재료 준비	미네스트로니 수프 만들기	파슬리 가루 만들기	완성하기

비프 콘소메

Beef Consomme

콘소메(Consomme)는 기름기가 없는 소고기, 닭, 생선살과 달걀 흰자, 미르포아(Mirepoix),
산성재료(토마토, 와인)와 함께 장시간 은근히 끓여 맑고 영양도 좋고
풍부한 맛을 가진 최고 품질의 수프이다.

40분 시험시간

가. 어니언 브루리(Onion Brulee)를 만들어 사용
　　하시오.

나. 양파를 포함한 채소는 채 썰어 향신료, 소고
　　기, 달걀흰자 머랭과 함께 섞어 사용하시오.

다. 스프는 맑고 갈색이 되도록 하여 200㎖ 이상
　　제출하시오.

지급재료목록

- **소고기** 살코기(갈은 것) **70g**
- **양파** 중(150g 정도) **1개**
- **당근** 둥근 모양이 유지되게 등분 **40g**
- **셀러리 30g**
- **달걀 1개**
- **소금** 정제염 **2g**
- **검은 후춧가루 2g**

- **검은 통후추 1개**
- **파슬리** 잎, 줄기 포함 **1줄기**
- **월계수잎 1잎**
- **토마토** 중(150g 정도) **1/4개**
- **비프스톡(육수)** 물로 대체 가능 **500㎖**
- **정향 1개**

누구도 알려주지 않는
한끗 Tip

🍳 양파는 어니언 브루니용 양파를 먼저 썰고, 남은 양
　파를 콘소메용으로 사용한다.

🍳 머랭과 소고기, 채소를 섞을 때에는 손에 힘을 빼고
　살살 섞는다.

🍳 콘소메는 흰자를 이용해 만드는 수프이기 때문에 불
　의 세기가 너무 세면 머랭의 역할이 제대로 이루어
　지지 않아 맑은 수프를 얻기가 어렵다. 끓기 시작하
　면 불을 조절해서 은은하게 끓인다.

감독자의 체크
Point

📖 머랭은 충분히 거품을 낸다(흐르지 않을
　정도).

📖 완성된 수프는 탁하지 않고 맑아야 한다.

📖 완성된 수프의 양에 유의한다.

1 **재료 썰기** 양파는 밑쪽을 원형으로 자르고 남은 양파와 당근, 셀러리는 채 썰고, 토마토는 껍질과 씨를 제거하고 채 썬다.

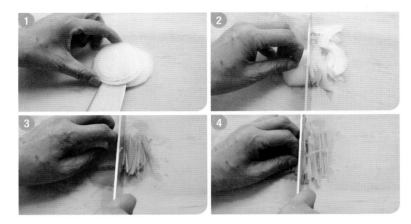

2 **어니언 브루니(Onion Brulee) 만들기** 원형으로 자른 양파를 후라이팬에 짙은 갈색 이 나도록 굽는다.

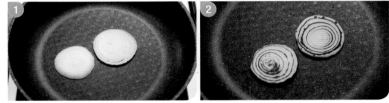

3 **부케가르니 만들기** 파슬리 줄기와 월계 수 잎에 통후추, 정향을 꽂는다.

*자세한 설명은 p.18 참고

4 **흰자 머랭치기** 물기 없는 볼에 달걀 흰자 만 넣고 거품기를 이용해 거품을 올려 머랭을 만든다.

5 **비프 콘소메 반죽하기** 흰자 머랭에 갈은 소고기와 양파, 당근, 셀러리, 토마토를 넣고 살살 섞는다.

6 **비프 콘소메 만들기** 섞어놓은 재료를 냄비에 넣고 물과 부케가르니를 넣고 불을 켠다. 끓어오르기 시작하면 도넛 모양으로 가운데 구멍을 만들고 불을 약하게 줄여 넘치지 않게 하며 떠오르는 거품을 제거한다.

7 **완성하기** 스프가 맑은 갈색이 나면 소창을 이용해 거른 후, 소금, 후춧가루로 간을 하고 완성 접시에 비프 콘소메를 200㎖ 이상이 되도록 담는다.

1	2	3	4	5	6	7
재료 썰기	어니언 브루니 (onion brulee) 만들기	부케가르니 만들기	흰자 머랭치기	비프 콘소메 반죽하기	비프 콘소메 만들기	완성하기

포테이토 크림 수프
Potatp Cream Soup

포테이토 크림 수프(Potato Cream Soup)는 남녀노소 누구나 좋아하는 기본적인 수프로, 따뜻하게도 먹지만 차갑게 식혀서 먹기도 한다. 이를 비시스와즈(Vichyssoise)라고 한다.

30분 시험시간

요구사항

가. 크루톤(Crouton)의 크기는 사방 0.8cm ~ 1cm 정도로 만들어 버터에 볶아 수프에 띄우시오.

나. 익힌 감자는 체에 내려 사용하시오.

다. 수프의 색과 농도에 유의하고 200㎖ 이상 제출하시오.

지급재료목록

- **감자** 200g 정도 **1개**
- **대파** 흰 부분(10cm 정도) **1토막**
- **양파** 중(150g 정도) **1/4개**
- **버터** 무염 **15g**
- **치킨 스톡** 물로 대체 가능 **270㎖**
- **생크림** 조리용 **20㎖**
- **식빵** 샌드위치용 **1조각**
- **소금** 정제염 **2g**
- **흰 후춧가루 1g**
- **월계수잎 1잎**

누구도 알려주지 않는 한끗 Tip

♙ 감자가 너무 두꺼우면 익는 시간이 오래 걸리기 때문에 감자를 얇게 썬다.

♙ 대파는 파란 부분을 사용하면 수프의 색이 파랗게 되므로 흰 부분을 사용한다.

♙ 크루톤은 너무 약한 불에서 볶으면 식빵이 버터를 흡수해서 바삭한 크루톤을 얻기 어렵다. 식빵 1개를 먼저 넣어서 팬의 온도를 확인해 본다.

♙ 크루톤은 미리 올리면 식빵이 수프를 흡수하기 때문에 제출하기 직전에 올린다.

감독자의 체크 Point

📖 감자는 완전히 익어야 하며 색이 나지 않도록 볶아야 한다.

📖 완성된 수프의 농도에 유의한다.

📖 완성된 수프의 양에 유의한다.

📖 크루톤의 크기 및 토스트 상태에 유의한다.

1 **재료 썰기** 양파와 대파 흰 부분은 곱게 채 썰고, 감자도 곱게 채 썰어 물에 담가 전분기를 뺀다.

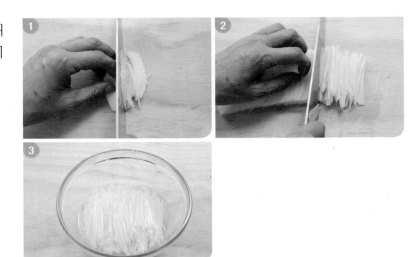

2 **크루톤(Crouton) 만들기** 식빵은 사방 1cm의 크기로 잘라 팬에 버터를 녹이고 식빵을 넣어 노릇하게 볶은 후 접시에 옮겨 식힌다.

*자세한 설명은 p.16 참고

3 포테이토 크림 수프 만들기 　냄비에 버터를 녹이고 양파와 대파를 넣어 볶다가 수분을 제거한 감자를 넣어 타지 않게 볶는다. 감자가 투명해지면 물과 월계수 잎을 넣고 끓이면서 떠오르는 거품을 제거한다.

4 완성하기 　감자가 으깨질 정도로 푹 익으면 월계수 잎을 건져내고 체에 내린 후, 다시 냄비에 옮겨 담아 생크림을 넣어 끓인다. 소금, 흰후춧가루로 간을 하고, 농도를 확인한 후 완성 접시에 200㎖ 이상이 되게 담아 크루톤을 띄워 완성한다.

1	2	3	4
재료 썰기	크루톤(Crouton) 만들기	포테이토 크림 수프 만들기	완성하기

프렌치 어니언 수프
Freanch Onion Soup

프렌치 어니언 수프(French onion soup)는 양파를 곱게 채 썬 뒤 팬에서 양파가 갈색이 나도록 충분히 볶아 만든 수프이다. 양파를 은근한 불에 장시간 볶아야 하는데 많은 시간과 정성이 들어간다. 마지막에 토스트한 바게트를 수프에 올리고 치즈를 뿌려서 오븐에 구워 나가는데, 이 때 수프가 바게트빵에 스며들기 때문에 촉촉하게 먹을 수 있다.

30분 시험시간

요구사항

가. 양파는 5cm 크기의 길이로 일정하게 써시오.

나. 바게트빵에 마늘버터를 발라 구워서 따로 담아내시오.

다. 수프의 양은 200㎖ 이상 제출하시오.

지급재료목록

- 양파 중(150g 정도) 1개
- 바게트빵 1조각
- 버터 무염 20g
- 소금 정제염 2g
- 검은 후춧가루 1g
- 파마산치즈가루 10g
- 백포도주 15㎖
- 마늘 중(깐 것) 1쪽
- 파슬리 잎, 줄기 포함 1줄기
- 맑은 스톡(비프스톡 또는 콘소메) 물로 대체 가능 270㎖

누구도 알려주지 않는 한끗 Tip

♧ 양파를 너무 굵게 썰면 볶는 시간이 오래 걸리고 색이 골고루 나오지 않는다.

♧ 양파를 볶을 때 버터를 많이 사용하면 수프가 탁할 수 있다.

감독자의 체크 Point

📖 감자는 완전히 익어야 하며 색이 나지 않도록 볶아야 한다.

📖 완성된 수프의 농도에 유의한다.

📖 완성된 수프의 양에 유의한다.

📖 크루톤의 크기 및 토스트 상태에 유의한다.

1 재료 준비 파슬리는 찬물에 담근다.

2 재료 썰기 양파는 길이 5cm 길이로 일정하고 곱게 채 썰고, 마늘은 다진다.

3 양파 볶기 냄비에 약간의 버터를 넣어 녹이고 양파를 넣어 갈색이 나도록 볶는다.

4 프렌치 어니언 수프 만들기 양파가 충분한 갈색이 나도록 볶아지면 백포도주를 넣고 졸인 후, 물을 넣고 끓이면서 떠오르는 거품을 제거한다.

5 파슬리가루 만들기 파슬리의 수분을 제거하고 곱게 다진 후, 면보에 넣고 물에 헹구어 수분을 제거하여 파슬리 가루를 만든다.

*자세한 설명은 p.22~p.23 참고

6 **마늘버터 만들기** 볼에 버터와 마늘, 파슬리 가루를 섞어 마늘버터를 만든다.

7 **마늘빵 만들기** 바게트에 마늘버터를 한 면만 바르고 후라이팬에 양면을 노릇하게 토스트 한 후, 마늘버터를 바른 부분에 파마산 치즈를 뿌린다.

8 **완성하기** 수프에 소금, 검은 후춧가루로 간을 하고 완성 접시에 200㎖ 이상이 되도록 담고 다른 접시에 마늘빵을 따로 담는다.

1	2	3	4	5	6	7	8
재료 준비	재료 썰기	양파 볶기	프렌치 어니언수프 만들기	파슬리가루 만들기	마늘버터 만들기	마늘 빵 만들기	완성하기

피시차우더 수프
Fish Chowder Soup

차우더(Chowder)는 걸쭉한 수프에 해당하며 주로 생선과 채소를 주재료로 하여 만든
크림형태의 수프를 말하고, 대부분 감자가 사용된다.

30분 시험시간

 **요구사항**

가. 차우더 수프는 화이트 루(Roux)를 이용하여
농도를 맞추시오.

나. 채소는 0.7cm×0.7cm×0.1cm, 생선은 1cm
×1cm×1cm 정도 크기로 써시오.

다. 대구살을 이용하여 생선스톡을 만들어 사용
하시오.

라. 수프는 200㎖ 이상으로 제출하시오.

지급재료목록

- **대구살** 해동지급 **50g**
- **감자** 150g 정도 **1/4개**
- **베이컨** 길이 25~30cm **1/2조각**
- **양파 중**(150g 정도) **1/6개**
- **셀러리 30g**
- **버터** 무염 **20g**
- **밀가루** 중력분 **15g**
- **우유 200ml**
- **소금** 정제염 **2g**
- **흰 후춧가루 2g**
- **정향 1개**
- **월계수잎 1잎**

누구도 알려주지 않는 한끗 **Tip**

☞ 생선살은 익으면 크기가 줄어들기 때문에 재료 준비
할 때 조금 크게 자른다.

☞ 감자는 볶으면서도 익지만, 마지막에 끓이면서도 익
기 때문에 부서지지 않게 한다.

☞ 루(Roux)는 버터를 완전히 녹인 후 버터와 동량의 밀
가루를 넣어 중불에서 천천히 밀가루 냄새가 없어질
때까지 볶는다.

☞ 화이트 루에 육수를 부어서 끓였을 때 화이트 루가 잘 풀어지지 않아
몽글몽글 덩어리졌다면 체에 한번 거른다.

감독자의 체크 Point

☞ 채소와 생선의 크기를 알맞게 한다.

☞ 화이트 루는 색이 짙어 지지 않게 한다.

☞ 완성된 수프의 농도 및 양에 유의한다.

1 재료 썰기   셀러리는 섬유질을 제거하고 양파, 셀러리, 감자는 0.7×0.7×0.1cm 크기로 썰고 감자는 찬물에 담근다. 생선살은 1.2×1.2×1.2cm 크기로 썰고, 베이컨은 가로, 세로 1cm 크기로 썬다.

2 생선살 데치기 & 육수 내기   냄비에 물과 남은 양파를 넣고 끓으면 생선살을 넣어 데친 후 면보에 거른다. 생선살은 따로 담아놓고 물은 육수(피시 스톡)로 사용한다.

3 베이컨 데치기   베이컨은 끓는 물에 데쳐 기름기를 제거한다.

4 채소 볶기   팬에 버터를 두르고 양파, 셀러리, 감자 순으로 볶아 접시에 담아 놓는다.

5 **화이트 루 만들기** 팬에 버터를 녹이고 동량의 밀가루를 넣고 볶아 화이트 루를 만든다.

*자세한 설명은 p.21 참고

6 **피시 차우더 만들기** 화이트 루에 육수를 넣으면서 뭉쳐지지 않게 풀고, 우유와 월계수 잎, 정향을 넣고 끓인다. 끓이면서 농도가 생기기 시작하면 체로 거른 후, 다시 끓이면서 베이컨, 양파, 셀러리, 감자를 넣는다. 감자가 거의 익었을 때 생선살을 넣고, 소금, 흰 후춧가루로 간을 맞춰 완성한다.

7 **완성하기** 완성 접시에 피시 차우더를 200㎖ 이상이 되게 담는다.

1	2	3	4	5	6	7
재료 썰기	생선살 데치기 & 육수 내기	베이컨 데치기	채소 볶기	화이트 루 만들기	피시 차우더 만들기	완성하기

브라운 그래비 소스

Brown Gravy Sauce

브라운 그래비 소스(Brown Gravy Sauce)는 육류를 구울 때 생기는 즙액의 진한 맛을 이용하여 만든 대표적인 갈색의 걸쭉한 육류 소스이다.

30분 시험시간

요구사항

가. 브라운 루(Brown Roux)를 만들어 사용하시오.

나. 소스의 양은 200㎖ 이상 만드시오.

지급재료목록

- **밀가루** 중력분 **20g**
- **브라운 스톡** 물로 대체 가능 **300㎖**
- **소금** 정제염 **2g**
- **검은 후춧가루 1g**
- **버터** 무염 **30g**
- **양파** 중(150g 정도) **1/6 개**
- **셀러리 20g**
- **당근** 둥근 모양이 유지 되게 등분 **40g**
- **토마토 페이스트 30g**
- **월계수잎 1잎**
- **정향 1개**

누구도 알려주지 않는 한끗 Tip

☞ 브라운 루(Brown Roux)는 피쉬차우더 수프에서 사용되는 화이트 루(White Roux)와 같은 방법으로 만들지만, 색깔은 갈색이다. 너무 센 불에서 볶으면 버터와 밀가루가 탈 수 있고, 충분히 볶지 않으면 밀가루 냄새가 나며 농도를 맞출 때 분리될 수 있다.

☞ 토마토 페이스트는 약불에서 충분히 볶아줘야 신맛과 떫은맛을 없애줄 수 있다.

감독자의 체크 Point

📖 브라운 루는 타지 않아야 한다.

📖 완성된 소스의 농도와 양에 유의한다.

1 **재료 썰기** 양파, 당근, 셀러리는 길이 4cm, 두께 0.3cm로 채 썬다. 남은 양파나 셀러리에 월계수 잎과 정향을 꽂는다.

2 **채소 볶기** 팬에 버터를 넣고 녹으면 양파, 당근, 셀러리를 넣고 갈색이 나도록 볶아 접시에 담아 놓는다.

3 **브라운 루(Brown Roux) 만들기** 팬에 버터를 넣고 녹으면 동량의 밀가루를 넣고 약한 불에서 갈색이 되도록 볶는다.

*자세한 설명은 p.22 참고

4 소스 만들기   브라운 루에 토마토 페이스트를 넣고 타지 않게 볶아 신맛과 떫은 맛이 나지 않도록 볶고 브라운 스톡(물로 대체 가능)을 넣는다. 볶아 놓은 채소와 월계수 잎, 정향을 넣고 끓인다. 이 때 생기는 거품은 제거한다. 충분히 끓어 걸쭉해지면 소금, 후춧가루를 넣어 간을 한다.

5 완성하기   소스를 체에 걸러 완성 접시에 200㎖ 이상이 되도록 담는다.

1	2	3	4	5
재료 썰기	채소 볶기	브라운 루(Brown Roux) 만들기	소스 만들기	완성하기

이탈리안 미트소스

Italian Meat Sauce

이탈리안 미트소스(Italian Meat Sauce)는 이태리 지역에서 흔하게 사용되는 파스타의 소스로
소고기가 들어간 토마토소스이다. 이탈리안 미트소스는 파스타인 라자냐와 함께 사용되어
치즈를 올려 오븐에 구운 그라탕으로 많이 사용된다.

30분 시험시간

🍴 요구사항

가. 모든 재료는 다져서 사용하시오.

나. 그릇에 담고 파슬리 다진 것을 뿌려내시오.

다. 소스는 150㎖ 이상 제출하시오.

지급재료목록

- 양파 중(150g 정도) **1/2개**
- 소고기 살코기 갈은 것 **60g**
- 마늘 중(깐 것) **1쪽**
- 토마토(캔) 고형물 **30g**
- 버터 무염 **10g**
- 토마토 페이스트 **30g**
- 월계수잎 **1잎**
- 파슬리 잎, 줄기포함 **1줄기**
- 소금 정제염 **2g**
- 검은 후춧가루 **2g**
- 셀러리 **30g**

누구도 알려주지 않는 한끗 Tip

♔ 이탈리안 미트 소스를 만들 때 마늘을 먼저 볶아서 소고기의 잡내를 제거한다.

♔ 지급되는 소고기가 두껍다면 재료 손질할 때 한번 더 곱게 다져서 소스가 거칠지 않게 한다.

감독자의 체크
Point

📖 고기가 덩어리 지지 않게 한다.

📖 완성된 소스의 농도 및 양에 유의한다.

1 **재료 준비** 파슬리는 찬물에 담근다.

2 **재료 썰기** 양파, 마늘, 홀 토마토는 곱게 다지고, 셀러리는 섬유질을 제거하고 곱게 다진다.

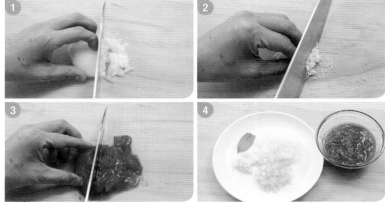

3 **이탈리안 미트소스 만들기** 냄비에 버터를 녹이고 마늘, 양파, 셀러리, 갈은 소고기 순으로 볶다가 토마토 페이스트를 넣고 충분히 볶는다. 토마토 페이스트의 신맛과 떫은맛이 없어지면 토마토를 넣고 볶다가 물, 월계수 잎을 넣어 은근하게 끓이고, 끓이면서 생기는 거품은 제거한다.

4 파슬리 가루 만들기 파슬리를 건져 잎만 다져 면보에 넣어 물에 헹구고, 수분을 제거하여 파슬리 가루를 만든다.

*자세한 설명은 p.22~p.23 참고

5 완성하기 소스의 농도가 걸쭉해지면 월계수잎을 건져내고, 소금과 검은 후춧가루로 간을 맞춘다. 완성 접시에 이탈리안 미트소스 150㎖ 이상이 되도록 담고 파슬리 가루를 뿌린다.

타르타르 소스

Tartar Sauce

타르타르 소스(Tartar Sauce)는 튀김요리와 잘 어울리는 대표적인 소스이다.

20분 시험시간

🍴 요구사항

가. 다지는 재료는 0.2cm 정도의 크기로 하고 파슬리는 줄기를 제거하여 사용하시오.

나. 소스는 농도를 잘 맞추어 100㎖ 이상 제출하시오.

지급재료목록

- 마요네즈 **70g**
- 오이피클 개당 25~30g짜리 **1/2개**
- 양파 중(150g 정도) **1/10개**
- 파슬리 잎, 줄기 포함 **1줄기**
- 달걀 **1개**
- 소금 정제염 **2g**
- 흰 후춧가루 **2g**
- 레몬 길이(장축)로 등분 **1/4개**
- 식초 **2㎖**

누구도 알려주지 않는 한끗 Tip

♡ 양파와 오이 피클, 달걀을 너무 다지면 식감이 좋지 않다.

♡ 타르타르 소스의 농도를 맞추는 재료는 레몬즙과 식초이다. 한 번에 다 넣지 말고 조금씩 넣어가며 농도를 맞춘다.

감독자의 체크 Point

📖 달걀은 완숙으로 삶는다.

📖 재료의 크기는 일정하게 한다.

📖 완성된 소스의 농도와 양에 유의한다.

1 **달걀 삶기 및 재료 준비** 냄비에 달걀을 넣고 잠길 정도의 물을 넣고 완숙으로 삶아 찬물에 식힌다. 껍질을 제거하고 0.2cm 크기로 다진다.

2 **재료 썰기** 양파는 0.2cm 크기로 다져서 물에 담가 매운맛을 제거하고 면보에 싸서 물기를 제거한다. 오이 피클은 0.2cm 크기로 다진다.

3 **파슬리 가루 만들기** 파슬리의 수분을 제거하고 곱게 다진 후, 면보에 넣고 물에 헹구고, 수분을 제거하여 파슬리 가루를 만든다.

*자세한 설명은 p.22~p.23 참고

4 **타르타르 소스 만들기** 물기 없는 볼에 마요네즈, 달걀, 양파, 오이 피클, 파슬리 가루 2/3, 식초, 레몬즙을 넣고 농도를 맞추고 소금, 흰 후춧가루를 넣어 간을 맞춘다.

5 **완성하기** 완성 접시에 타르타르 소스 100㎖ 이상이 되도록 담고 파슬리 가루를 뿌린다.

1	2	3	4	5
달걀 삶기 및 재료 준비	재료 썰기	파슬리 가루 만들기	타르타르 소스 만들기	완성하기

홀렌다이즈 소스

Hollandaise Sauce

홀렌다이즈 소스(Hollandaise Sauce)는 대표적인 버터 소스로, 계란 노른자에
와인, 식초, 타라곤, 샬롯 등을 넣고 졸인 에센스를 첨가하여 만든다.
홀렌다이즈에 무엇을 넣느냐에 따라서 또 다른 이름의 소스가 되기도 한다.

25분 시험시간

요구사항

가. 양파, 식초를 이용하여 허브 에센스(Herb Essence)를 만들어 사용하시오.

나. 정제 버터를 만들어 사용하시오.

다. 소스는 중탕으로 만들어 굳지 않게 그릇에 담아내시오.

라. 소스는 100㎖ 이상 제출하시오.

지급재료목록

- 달걀 **2개**
- 양파 중(150g 정도) **1/8 개**
- 식초 **20㎖**
- 검은 통후추 **3개**
- 버터 무염 **200g**
- 레몬 길이(장축)로 등분 **1/4개**
- 월계수잎 **1잎**
- 파슬리 잎, 줄기포함 **1줄기**
- 소금 정제염 **2g**
- 흰 후춧가루 **1g**

누구도 알려주지 않는 한끗 Tip

♧ 정제버터를 만들 때 버터에 물이 들어가지 않도록 한다.

♧ 에센스의 양을 많이 넣으면 신맛이 강하고, 묽어져서 원하는 농도를 얻을 수 없으니 조금씩 넣어가며 조절한다.

♧ 정제버터가 너무 뜨겁거나 한꺼번에 많은 양을 넣으면 달걀노른자와 버터가 분리될 수 있다.

감독자의 체크 Point

📖 버터는 충분히 중탕되도록 한다.

📖 노른자가 익어 덩어리 지지 않도록 한다.

📖 완성된 소스의 농도와 양에 유의한다.

1 재료 썰기 양파는 다지고 검은 통후추는 으깨 놓는다.

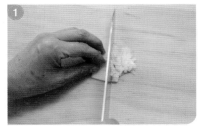 

2 허브 에센스 만들기 냄비에 양파와 통후추, 월계수잎, 파슬리, 식초를 넣고 끓여 2Ts 정도가 되면 면보에 걸러 허브 에센스를 준비한다.

3 정제버터 만들기 냄비에 물을 담아 불에 올리고 버터는 용기에 담아 끓는 물 위에 올려 중탕으로 충분히 녹인다.

4 **홀렌다이즈 만들기** 달걀 흰자와 노른자를 분리하여 물기없는 볼에 노른자만 담는다. 정제버터를 내리고 냄비 위에 면보를 덮는다. 노른자가 담긴 볼을 얹고 허브에센스를 조금 넣은 다음 크림형태로 유화시켜 농도를 맞춘다.

5 **완성하기** 홀렌다이즈 소스에 레몬즙, 소금, 흰 후춧가루로 간을 한 뒤 완성 접시에 100㎖ 이상이 되게 담는다.

1	2	3	4	5
재료 썰기	허브 에센스 만들기	정제버터 만들기	홀렌다이즈 만들기	완성하기

BLT 샌드위치

Bacon, Lettuce, Tomato Sandwich

베이컨(Bacon), 레터스(Lettuce), 토마토(Tomato)의 앞 글자만 따서 BLT 샌드위치라고 부른다.

30분 시험시간

🍴 요구사항

가. 빵은 구워서 사용하시오.

나. 토마토는 0.5cm 정도의 두께로 썰고, 베이컨
은 구워서 사용하시오.

다. 완성품은 4조각으로 썰어 전량을 제출하시오.

지급재료목록

- **식빵** 샌드위치 용 **3조각**
- **양상추** 2잎 정도, 잎상추로
  대체 가능 **20g**
- **토마토** 중(150g 정도), 둥근 모양이
  되도록 잘라서 지급 **1/2 개**
- **베이컨** 길이 25~30cm **2조각**
- **마요네즈 30g**
- **소금** 정제염 **3g**
- **검은 후춧가루 1g**

누구도 알려주지 않는
한끗 Tip

👨‍🍳 토마토에 소금을 뿌리면 삼투압작용으로 토마토에
   있는 수분이 겉으로 나오므로, 면보로 가볍게 눌러
   수분을 제거한다.

👨‍🍳 식빵을 구울 때 기름을 두르지 않으며 약한 불에서
   서서히 수분이 제거될 수 있도록 굽는다. 구운 후에
   도 접시에 담으면 열기로 인해 습기가 생겨 눅눅히
   질 수 있으니 식빵을 세워 놓는다.

👨‍🍳 베이컨은 구울 때 기름이 나오기 때문에 따로 기름
   을 넣지 않는다.

감독자의 체크
Point

📖 식빵의 색이 골고루 노릇해야 한다.

📖 샌드위치 완성 시 빵이 눌리지 않도록
   썬다.

1 **재료 준비**   찬물에 양상추를 담근다.

2 **재료 썰기**   토마토는 0.5cm 두께의 원형으로 썰어 소금을 살짝 뿌린 후 수분을 제거한다.

3 **식빵 굽기**   기름을 두르지 않은 예열된 팬에 식빵의 양면을 노릇하게 굽는다.

4 **베이컨 굽기**   기름을 두르지 않는 예열된 팬에 베이컨의 양면을 노릇하게 구워 접시에 키친타월을 깔고 기름을 제거한 후 식빵 크기에 맞게 자른다.

5 샌드위치 만들기　양상추를 건져서 수분을 제거하고 칼의 옆면을 이용해 평평하게 눌러주고 식빵 크기에 맞춰 자른다. 식빵 한 면에 마요네즈를 바르고 그 위에 양상추와 베이컨을 올리고, 식빵 양면에 마요네즈를 발라 올린다. 그 위에 양상추와 토마토를 올린 후 식빵한 면에 마요네즈를 발라 올린다.

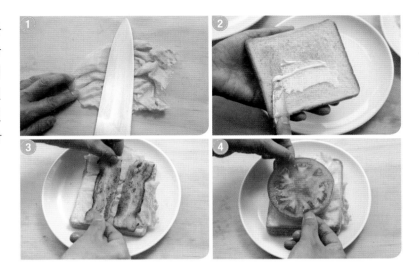

6 완성하기　식빵의 가장자리를 자르고 삼각형 모양의 4등분으로 잘라 완성 접시에 담는다.

1	2	3	4	5	6
재료 준비	재료 썰기	식빵 굽기	베이컨 굽기	샌드위치 만들기	완성하기

햄버거 샌드위치

Hamburger Sandwich

샌드위치(Sandwich)는 영국에서 유래됐는데, 도박을 좋아하던 영국의 샌드위치 백작이 식사를 위해
자리를 뜨는 대신 빵에 다양한 재료를 끼워 먹던 것에서 유래되었다.

30분 시험시간

요구사항

가. 빵은 버터를 발라 구워서 사용하시오.

나. 고기는 미디움 웰던(medium-wellden)으로 굽고, 구워진 고기의 두께는 1cm 정도로 하시오.

다. 토마토, 양파는 0.5cm 정도의 두께로 썰고 양상추는 빵 크기에 맞추시오.

라. 샌드위치는 반으로 잘라 내시오.

지급재료목록

- **소고기** 살코기, 방심 **100g**
- **양파** 중(150g 정도) **1개**
- **빵가루** 마른 것 **30g**
- **셀러리 30g**
- **소금** 정제염 **3g**
- **검은 후춧가루 1g**
- **양상추 20g**
- **토마토** 중(150g 정도), 둥근 모양이 되도록 잘라서 지급 **1/2개**
- **버터** 무염 **15g**
- **햄버거 빵 1개**
- **식용유 20㎖**
- **달걀 1개**

누구도 알려주지 않는 한끗 Tip

♔ 양파는 원형으로 먼저 썰고 나머지를 다져서 햄버거 패티에 사용한다.

♔ 햄버거 빵은 노릇하게 구운 뒤 다시 겹쳐놓으면 눅눅해지므로 펼쳐서 식힌다.

♔ 햄버거 패티를 만들 때 달걀물과 빵가루는 지급된 재료를 한 번에 넣지 않는다. 달걀물과 빵가루를 1:2 정도로 반죽하다가 질면 빵가루를 넣고 되직하면 달걀물을 넣으면서 반죽한다.

감독자의 체크 **Point**

📖 고기 반죽을 충분히 치대어 모양이 부서지지 않게 한다.

📖 고기 두께와 크기에 유의한다.

1 재료 준비 양상추는 찬물에 담그고, 달걀은 풀어서 달걀물을 만든다.

2 재료 썰기 양파는 0.5cm 두께로 썰고 나머지는 다진다. 셀러리는 섬유질을 제거하고 곱게 다지고, 토마토는 원형으로 0.5cm 두께로 썰고 소금을 약간 뿌린 후 수분을 제거한다. 소고기는 지방을 제거하고 곱게 다진다.

3 햄버거 빵 굽기 햄버거 빵을 가로로 2등분하여 기름을 버터를 발라 팬에 노릇하게 굽는다.

4 재료 볶기 원형으로 썬 양파는 기름 없는 팬에 앞뒤로 노릇하게 굽고, 다진 양파와 셀러리는 기름을 약간 두르고 볶은 후 접시에 담아 식힌다.

5 햄버거 패티 만들기 물기 없는 볼에 다진 소고기, 볶아 식힌 양파, 셀러리, 달걀물, 빵가루, 소금, 검은 후춧가루를 넣고 끈기가 생기도록 치댄다. 햄버거 빵 크기보다 1~1.5cm 정도 크고 두께 0.8cm 정도의 원형이 되게 만들어 기름을 두른 팬에 타지 않게 속까지 익힌다.

6 햄버거 샌드위치 만들기 양상추는 물기를 제거하고 햄버거 빵 크기에 맞춰 자른다. 햄버거 빵에 버터를 바르고 양상추, 햄버거 패티, 양파, 토마토 순으로 놓고 햄버거 빵을 덮는다.

7 완성하기 완성된 햄버거 샌드위치를 2등분하여 완성 접시에 단면이 보이도록 담는다.

1	2	3	4	5	6	7
재료 준비	재료 썰기	햄버거 빵 굽기	재료 볶기	햄버거 패티 만들기	햄버거 샌드위치 만들기	완성하기

프렌치 프라이드 쉬림프

French Fried Shrimp

프렌치 프라이드 쉬림프(French Fried Shrimp)는 프랑스식 새우튀김으로
밀가루 반죽에 달걀 흰자거품을 섞어서 튀긴 요리다.

25분
시험시간

 **요구사항**

가. 새우는 꼬리 쪽에서 1마디 정도 껍질을 남겨 구부러지지 않게 튀기시오.

나. 새우튀김은 4개를 제출하시오.

다. 레몬과 파슬리를 곁들이시오.

지급재료목록

- 새우 50~60g **4마리**
- 밀가루 중력분 **80g**
- 흰설탕 **2g**
- 달걀 **1개**
- 소금 정제염 **2g**
- 흰 후춧가루 **2g**
- 식용유 **500㎖**
- 레몬 길이(장축)로 등분 **1/6개**
- 파슬리 잎, 줄기 포함 **1줄기**
- 냅킨 흰색, 기름 제거용 **2장**
- 이쑤시개 **1개**

누구도 알려주지 않는 한끗 Tip

☞ 새우의 물총을 제거하지 않으면 튀길 때 기름이 튀어 다칠 수 있다.

☞ 새우를 튀겼을 때 구부러지지 않게 하기 위해서 배 쪽에 칼집을 넣고 새우를 눌러주며 펴준다.

☞ 달걀흰자를 머랭 칠 때는 볼에 물기가 없어야 하며 거품기에도 물기나 이물질이 없어야 쉽고 빠르게 머랭을 칠 수 있다.

☞ 튀김 반죽을 만들 때 흰자 머랭을 넣고 세게 섞으면 머랭 거품이 주저앉아 반죽이 물처럼 될 수 있으니 흰자 머랭 거품이 가라앉지 않게 살살 섞는다.

☞ 기름의 온도를 알 수 없을 때는 튀김 반죽을 기름에 넣어 반죽이 바로 떠오르면 새우를 튀긴다.

감독자의 체크 Point

📖 새우를 튀겼을 때 구부러지지 않게 한다.

📖 튀김 반죽의 농도에 유의한다.

📖 새우튀김의 색과 개수에 유의한다.

1 **재료 준비**　파슬리는 씻어 찬물에 담근다.

2 **재료 썰기**　장식할 레몬은 씨와 피막을 제거하고 양쪽을 사선으로 자른다.

3 **새우 손질하기**　새우는 2번째와 3번째 마디 사이에 이쑤시개를 넣어 내장을 제거한다. 꼬리 쪽 한 마디를 남기고 껍질과 물총을 제거한다.

4 **새우 다듬기**　새우의 배 부분 마디에 3~4군데 칼집을 넣은 후, 손으로 새우를 눌러 펴주고 소금, 흰 후춧가루로 간을 한다.

5 **흰자 머랭 만들기**　물기 없는 볼에 달걀 흰자만 넣고 거품기를 이용해 거품을 올려 머랭을 만든다.

6 **튀김 반죽 만들기**   볼에 달걀노른자를 넣고 물(1Ts), 설탕을 약간 넣어 거품기로 섞은 후, 밀가루(3Ts)를 체에 쳐서 넣고 거품기로 섞고, 흰자 머랭(2Ts)을 넣고 살살 섞는다.

7 **새우 튀기기**   새우 꼬리 쪽 한 마디를 남기고 밀가루를 묻힌 후, 튀김 반죽을 골고루 입혀 새우가 구부러지지 않도록 165~175℃ 기름에 노릇하게 튀긴다.

8 **완성하기**   완성 접시에 튀긴 새우를 가지런히 담고 파슬리와 레몬으로 장식한다.

1	2	3	4	5	6	7	8
재료 준비	재료 썰기	새우 손질하기	새우 다듬기	흰자 머랭 만들기	튀김 반죽 만들기	새우 튀기기	완성하기

치킨 알라킹
Chicken a'la king

치킨 알라킹(Chicken a'la king)은 닭고기에 베샤멜 소스를 이용하여 만든 음식으로,
왕을 위한 닭고기 요리라는 뜻이다.

30분
시험시간

🍴 요구사항

가. 완성된 닭고기와 채소, 버섯의 크기는 1.8×1.8cm 정도로 균일하게 하시오.

나. 닭 뼈를 이용하여 치킨 육수를 만들어 사용하시오.

다. 화이트 루(Roux)를 이용하여 베샤멜소스 (Bechamel Sauce)를 만들어 사용하시오.

지급재료목록

- **닭다리** 한 마리 1.2kg 정도(허벅지살 포함, 반 마리 지급 가능) **1개**
- **청피망** 중(75g 정도) **1/4개**
- **홍피망** 중(75g 정도) **1/6개**
- **양파** 중(150g 정도) **1/6개**
- **양송이** 2개 **20g**
- **버터** 무염 **20g**
- **밀가루** 중력분 **15g**
- **우유 150㎖**
- **정향 1개**
- **생크림** 조리용 **20㎖**
- **소금** 정제염 **2g**
- **흰 후춧가루 2g**
- **월계수잎 1잎**

누구도 알려주지 않는 한끗 Tip

☙ 양파는 알라킹 채소와 치킨 육수에 사용한다. 먼저 요구사항에 맞게 알라킹 채소를 썰고 남은 양파를 치킨 육수에 사용한다.

☙ 닭다리 살은 익으면서 크기가 줄어들기 때문에 닭 손질 시 요구사항보다 약간 크게 썬다.

☙ 닭 육수를 면보에 걸러야 기름이 제거되어 육수가 맑고 깨끗하게 나온다.

☙ 화이트 루에 육수를 넣어 끓일 때 화이트 루가 잘 풀어지지 않아 몽글몽글 덩어리가 생기면 체로 거른다.

용어설명

베샤멜 소스(Bechmel Sauce)
흰색 소스의 기본이며 화이트 루에 우유를 풀어 만든다.

감독자의 체크 Point
- 📖 채소와 닭의 크기를 일정하게 한다.
- 📖 화이트 루의 색에 유의한다.
- 📖 완성된 소스의 농도에 유의한다.

1 닭다리 살 손질하기 닭다리는 씻어서 물기를 제거하고 뼈와 살을 분리한다. 닭뼈는 찬물에 씻은 후 물에 담가 핏물을 제거하고, 뼈를 제거한 닭다리 살은 껍질을 제거하여 2×2cm 크기로 썬다.

*자세한 설명은 p.18 참고

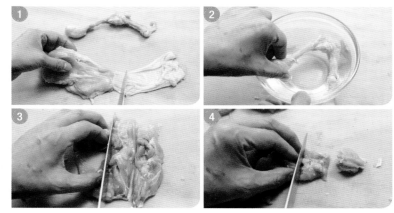

2 재료 썰기 양파, 양송이, 청피망, 홍피망은 사방 1.8cm 크기로 썰고, 월계수잎에 정향을 꽂는다.

3 치킨육수 만들기 & 닭다리살 익히기 냄비에 닭뼈와 닭다리 살과 썰고 남은 양파, 물을 넣고 끓여 닭다리 살이 익으면 체에 면보를 깔고 걸러 육수와 닭다리 살을 따로 준비한다.

4 채소 볶기 팬에 버터를 녹이고 양파, 양송이, 청피망, 홍피망 순으로 살짝 볶아 접시에 담아 놓는다.

5 **화이트 루 만들기** 팬에 버터를 녹이고 동량의 밀가루를 넣고 볶아 화이트 루를 만든다.

*자세한 설명은 p.21 참고

6 **베샤멜 소스 만들기** 화이트 루에 닭 육수를 조금씩 넣어가며 뭉치지 않게 풀어준 후, 우유와 월계수 잎에 정향을 꽂아 넣고 끓인다. 끓이면서 농도가 생기기 시작하면 체로 거른다.

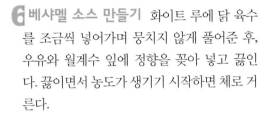

7 **치킨 알라킹 만들기** 베샤멜 소스에 닭다리 살과 채소를 넣고 소스가 냄비에 달라 붙거나 타지 않도록 저으면서 생크림을 넣어 농도를 맞추고, 소금과 흰 후춧가루로 간을 맞춘다.

8 **완성하기** 완성 접시에 치킨 알라킹을 담는다.

1	2	3	4	5	6	7	8
닭다리 살 손질하기	재료 썰기	치킨육수 만들기 & 닭다리살 익히기	채소 볶기	화이트 루 만들기	베샤멜 소스 만들기	치킨 알라킹 만들기	완성하기

치킨 커틀렛
Chicken Cutlet

커틀렛(Cutlet)은 얇게 저민 소고기나 닭고기, 돼지고기, 양고기, 생선 등을 밀가루, 달걀물,
빵가루에 묻혀 튀기는 요리를 뜻한다.

30분 시험시간

요구사항

가. 닭은 껍질채 사용하시오.

나. 완성된 커틀렛의 색에 유의하고 두께는 1cm 정도로 하시오.

다. 딥팻후라이(Deep fat fry)로 하시오.

지급재료목록

- **닭다리** 한 마리 1.2kg 정도(허벅지살 포함, 반마리 지급 가능) **1개**
- **달걀 1개**
- **밀가루** 중력분 **30g**
- **빵가루** 마른 것 **50g**
- **소금** 정제염 **2g**
- **검은 후춧가루 2g**
- **식용유 500㎖**
- **냅킨** 흰색, 기름 제거용 **2장**

누구도 알려주지 않는 한끗 Tip

☕ 닭 손질 시 뼈에 살이 많이 붙어 있지 않게 손질한다. 닭다리 살에 튀김옷을 입히기 때문에 튀김옷을 입혀 주기 때문에 닭 손질 시 두께가 0.7cm 이상 두껍지 않도록 한다.

☕ 기름의 온도를 알 수 없을 때는 남은 빵가루를 몇 개 넣어보고 빵가루가 바로 떠오르면 닭다리 살을 넣어 튀긴다.

☕ 치킨 커틀렛은 닭 껍질째 사용하고, 치킨 알라킹은 닭 껍질을 제거해 사용한다.

용어설명

딥 팻 후라이(Deep fat fry)
재료를 기름에 넣고 튀기는 것으로 식재료의 수분과 단맛의 유출을 막고 기름을 흡수함으로써 풍미를 더 해주는 조리법이다.

감독자의 체크 Point

☑ 닭의 두께가 일정하고 두껍지 않게 한다.

☑ 치킨 커틀렛을 노릇하게 튀겨 완전히 익힌다.

1 재료 준비 팬에 식용유를 넣고 약불로 예열하고, 물기 없는 볼에 달걀을 풀어 달걀물을 만든다.

2 닭 손질하기 닭다리는 씻어서 물기를 제거하고 뼈와 살을 분리한다.

힘줄을 제거하고 두께가 0.7cm 정도 되도록 일정하게 포를 뜬다. 앞, 뒤로 충분히 칼집을 넣고 소금과 검은 후춧가루로 간을 한다.

*자세한 설명은 p.18 참고

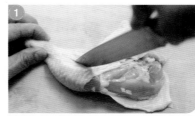

3 튀김옷 입히기 손질된 닭다리 살을 밀가루, 달걀물, 빵가루 순서대로 튀김옷을 입힌다.

4 닭 튀기기(Deep fat fry) 기름의 온도가 170℃가 되면 닭고기를 넣어 튀긴다. 황금색이 되도록 앞, 뒤를 노릇하게 튀기고 속까지 익었으면, 커틀렛을 꺼내 냅킨을 깐 접시에 올려 기름을 제거한다.

5 완성하기 완성 접시에 치킨 커틀렛을 담는다.

1	2	3	4	5
재료 준비	닭 손질하기	튀김옷 입히기	닭 튀기기(Deep fat fry)	완성하기

돼지고기
Pork

바베큐 폭찹
Barbecued Pork Chop

바베큐(Barbecued)는 돼지나 소를 통째로 불에 굽는 것으로, 폭(Pork)은 돼지고기,
찹(Chop)은 갈비뼈에 붙은 고기를 뜻한다.

40분 시험시간

🍽 요구사항

가. 고기는 뼈가 붙은 채로 사용하고 고기의 두께는 1cm 정도로 하시오.

나. 양파, 셀러리, 마늘은 다져 소스로 만드시오.

다. 완성된 소스는 농도에 유의하고 윤기가 나도록 하시오.

지급재료목록

- 돼지갈비 살 두께 5cm 이상, 뼈를 포함한 길이 10cm **200g**
- 토마토케첩 **30g**
- 우스터 소스 **5㎖**
- 황설탕 **10g**
- 양파 중(150g 정도) **1/4개**
- 소금 정제염 **2g**
- 검은 후춧가루 **2g**
- 셀러리 **30g**
- 핫 소스 **5㎖**
- 버터 무염 **10g**
- 식초 **10㎖**
- 월계수잎 **1잎**
- 밀가루 중력분 **10g**
- 레몬 길이(장축)로 등분 **1/6개**
- 마늘 중(깐 것) **1쪽**
- 비프스톡(육수) 물로 대체 가능 **200㎖**
- 식용유 **30㎖**

누구도 알려주지 않는 한끗 **Tip**

👨‍🍳 양파, 마늘, 셀러리는 너무 두껍지 않게 다진다.

👨‍🍳 돼지고기에 칼집을 넣지 않으면 수축되기 때문에 반드시 칼집을 넣는다.

👨‍🍳 돼지고기는 굽고 난 후 두꺼워지므로 1cm가 안 되게 손질하고, 센 불에서 구워서 육즙이 빠져나가지 않게 노릇하게 굽는다.

감독자의 체크 **Point**

📖 돼지고기의 두께가 일정하도록 한다.

📖 돼지고기를 완전히 익힌다.

📖 완성된 소스의 색과 농도에 유의한다.

1 **재료 썰기** 양파와 마늘은 다지고, 셀러리는 섬유질을 제거한 후 다진다.

2 **돼지갈비 손질** 돼지갈비는 기름을 제거하고 뼈가 남아있는 상태로 두께가 1cm 정도 약간 안 되게 펼쳐 잔 칼집을 넣고 소금, 검은 후춧가루로 밑간을 한다.

3 **돼지갈비 굽기** 돼지갈비에 밀가루를 묻힌 다음 팬에 식용유를 두르고 돼지갈비를 앞, 뒤로 노릇하게 굽는다.

4 소스 만들기 　팬에 버터를 녹이고 양파, 마늘, 셀러리를 볶은 후, 토마토케첩을 넣어 볶는다. 물, 우스타 소스, 식초, 레몬즙, 황설탕, 월계수 잎을 넣고 끓인다.

5 바베큐 폭찹 만들기 　소스가 끓어오르면 거품을 제거하고, 돼지고기를 넣어 소스를 끼얹으면서 졸인다. 알맞은 농도가 되면 월계수 잎을 건지고, 소금과 검은 후춧가루로 간을 맞춘다.

6 완성하기 　완성 접시에 바베큐 폭찹을 담고 소스를 끼얹는다.

1	2	3	4	5	6
재료 썰기	돼지갈비 손질	돼지갈비 굽기	소스 만들기	바베큐 폭찹 만들기	완성하기

비프스튜

Beef Stew

스튜(stew)는 건식열과 습식열을 같이 사용하는 조리방법으로, 고기를 센 불을 이용해
겉 표면에 색을 낸 다음 습식열로 조리해주는 것이 특징이다. 비프는 소고기를 뜻하지만,
돼지고기나 닭고기, 송아지 고기, 양고기를 이용해서 스튜를 만들 수 있다.

40분 시험시간

🍴 요구사항

가. 완성된 소고기와 채소의 크기는 1.8cm 정도의 정육면체로 하시오.

나. 브라운 루(Brown Roux)를 만들어 사용하시오.

다. 파슬리 다진 것을 뿌려 내시오.

지급재료목록

- 소고기 살코기(덩어리) **100g**
- 당근 둥근 모양이 유지 되게 등분 **70g**
- 양파 중(150g 정도) **1/4개**
- 셀러리 **30g**
- 감자 150g 정도 **1/3개**
- 마늘 중(깐 것) **1쪽**
- 토마토 페이스트 **20g**
- 밀가루 중력분 **25g**
- 버터 무염 **30g**
- 소금 정제염 **2g**
- 검은 후춧가루 **2g**
- 파슬리 잎, 줄기 포함 **1줄기**
- 월계수잎 **1잎**
- 정향 **1개**

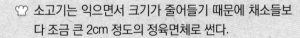

누구도 알려주지 않는 한끗 **Tip**

👨‍🍳 소고기는 익으면서 크기가 줄어들기 때문에 채소들보다 조금 큰 2cm 정도의 정육면체로 썬다.

👨‍🍳 소고기 겉표면에 밀가루를 묻히면 육즙이 빠져 나가는 것을 막을 수 있다.

👨‍🍳 브라운 루(Brown Roux)는 화이트 루 보다 오랜 시간 볶아 갈색이 나는 것을 말한다. 무조건 센 불에서 볶는다면 밀가루가 볶아지기도 전에 타버릴 수 있다.

감독자의 체크
Point

📖 채소와 고기 크기가 일정해야 하고 완전히 익어야 한다.

📖 완성된 스튜의 색과 농도에 유의한다.

1 **재료 준비** 파슬리는 찬물에 담그고, 월계
수 잎에 정향을 꽂아 놓는다.

2 **재료 썰기** 양파, 당근, 셀러리, 감자는 1.8cm
정도의 정육면체로 썰어 모서리를 다듬는다.
마늘은 다지고, 소고기는 2cm 정도의 정육면
체로 썰고 소금, 검은 후춧가루로 밑간을 하고
밀가루를 묻힌다.

3 파슬리 가루 만들기 파슬리의 수분을 제
거하고 곱게 다진 후, 면보에 넣고 물에 헹구어
수분을 제거하여 파슬리 가루를 만든다.

*자세한 설명은 부록 p.22~p.23 참고

4 재료 볶기 냄비에 버터를 두르고 마늘, 양
파, 당근, 감자, 셀러리, 소고기 순으로 넣어 볶
는다. 고기의 겉표면이 익으면 접시에 담는다.

5 브라운 루(Brown Roux) 만들기 팬에 버터를 녹이고 동량의 밀가루를 넣고 볶아 브라운 루를 만든다.

*자세한 설명은 p.22 참고

6 비프스튜 만들기 브라운 루에 토마토 페이스트를 넣어 충분히 볶은 후, 물, 볶은 재료, 월계수 잎에 정향을 꽂은 것을 넣고 끓인다.

7 비프스튜 끓이기 끓어오르면 거품을 제거한다. 채소와 소고기가 익고 농도가 걸쭉해지면 월계수 잎과 정향을 건져내고 소금과 검은 후춧가루로 간을 맞춘다.

8 완성하기 완성 접시에 비프스튜를 담고 파슬리 가루를 뿌려 완성한다.

1	2	3	4	5	6	7	8
재료 준비	재료 썰기	파슬리 가루 만들기	재료볶기	브라운 루(Brown Roux) 만들기	비프스튜 만들기	비프스튜 끓이기	완성하기

살리스버리 스테이크
Salisbury Steak

살리스버리 스테이크(Salisbury Steak)는 영국의 의사였던 살리스버리 후작이 빈혈 퇴치를 위해
스테이크를 권장할 목적으로 만들어진 음식이다. 소고기를 곱게 다져서 여러 가지 채소를 섞어
럭비공 모양으로 만들어 구워낸 것이며, 이와 비슷한 이름의 햄버거 스테이크는
독일 함부르크 지방에서 따온 명칭이다.

40분 시험시간

가. 살리스버리 스테이크는 타원형으로 만들어 고기 앞, 뒤의 색을 갈색으로 구우시오.

나. 더운 채소(당근, 감자, 시금치)를 각각 모양 있게 만들어 곁들여 내시오.

지급재료목록

- 소고기 살코기(간 것) **130g**
- 양파 중(150g 정도) **1/6개**
- 달걀 **1개**
- 우유 **10㎖**
- 빵가루 마른 것 **20g**
- 소금 정제염 **2g**
- 검은 후춧가루 **2g**
- 식용유 **150㎖**
- 감자 150g 정도 **1/2개**
- 당근 둥근 모양이 유지되게 등분 **70g**
- 시금치 **70g**
- 흰설탕 **25g**
- 버터 무염 **50g**

누구도 알려주지 않는 한끗 Tip

♕ 시금치는 너무 오래 볶으면 색이 어둡게 변할 수 있으니 센 불에 살짝 볶는다.

♕ 당근을 볶을 때 설탕을 넣어 졸이면 겉 표면에 윤기가 흐른다. 하지만 설탕으로 인해 탈 수 도 있으니 센 불에서 볶지 않는다.

♕ 감자는 따뜻할 때 소금을 뿌려야 간이 베이기 때문에 튀기고 바로 소금 간을 한다.

♕ 스테이크를 구우면 가운데 부분이 볼록해지므로 모양을 만들때 가운데 부분을 살짝 눌러준다.

♕ 양파를 볶을 때 색이 노랗게 변하지 않도록 살짝 볶고, 양파는 시금치와 스테이크 반죽 에 사용한다.

감독자의 체크 Point

📖 당근, 감자가 모두 익어야 한다.
📖 스테이크 모양과 굽기에 유의한다.

1 **재료 썰기** 양파는 곱게 다지고, 감자는 가로, 세로 1×1cm, 길이 5cm 정도의 크기로 썰어 물에 담근다. 당근은 0.5cm 정도의 두께로 둥글게 썰어 모서리를 다듬어 비취(Vichy) 모양으로 만든다. 시금치는 뿌리를 자르고 깨끗이 씻는다.

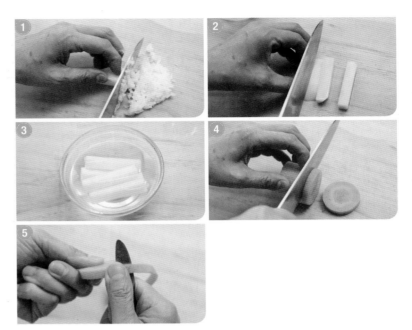

2 **소고기 다지기** 소고기는 지방과 힘줄을 제거하고 곱게 다진다.

3 **재료 익히기** 끓는 물에 소금을 약간 넣고 감자, 당근, 시금치 순서대로 익힌 후, 감자는 물기를 제거한다. 시금치는 찬물에 헹구어 물기를 제거하고 5cm 정도 길이로 자른다.

4 **시금치 볶기** 팬에 버터를 두르고 양파를 볶아 반은 덜어서 접시에 식힌다. 시금치를 넣고 볶다가 소금, 검은 후춧가루로 간을 한다.

5 당근 볶기 팬에 버터를 두르고 당근을 넣고 볶다가 물, 설탕, 소금으로 간을 하고 윤기 나게 졸인다.

6 감자 튀기기 팬에 기름을 넣고 온도가 오르면 감자를 노릇하게 튀겨 소금을 뿌려 간을 한다.

7 살리스버리 스테이크 반죽하기 볼에 소고기, 볶은 양파, 달걀물, 빵가루, 우유, 소금, 검은 후춧가루를 넣고 섞으면서 많이 치대어 끈기가 생기도록 한다.

8 스테이크 모양 잡기 도마 위에 비닐을 깔고 반죽을 올려 두께 1.5cm, 길이 13cm, 폭 9cm의 럭비공(타원형) 모양으로 만들고 가운데 부분은 살짝 눌러 놓는다.

9 살리스버리 스테이크 굽기 팬에 기름을 넣고 스테이크를 앞, 뒤 갈색이 나도록 굽고 불을 약하게 줄여 속까지 익힌다.

10 완성하기 완성 접시에 왼쪽부터 감자, 시금치, 당근을 조화롭게 담고, 스테이크를 가운데 담아 완성한다.

1	2	3	4	5	6	7	8	9	10
재료 썰기	소고기 다지기	재료 익히기	시금치 볶기	당근 볶기	감자 튀기기	살리스버리 스테이크 반죽하기	스테이크 모양 잡기	살리스버리 스테이크 굽기	완성하기

서로인 스테이크
Sirloin Steak

서로인 스테이크(Sirloin Steak)는 소 허리 등심에서 추출한 부위(loin)를 두껍게 썰어 구운 것으로
가장 대중화된 메인요리이다. 그런 요리 앞에 영국에서 준남작 지위에 있는
사람의 이름 앞에 붙이는 존칭인 Sir를 붙여 서로인 스테이크로 불리게 되었다.

30분 시험시간

요구사항

가. 스테이크는 미디움(Medium)으로 구우시오.
나. 더운 채소(당근, 감자, 시금치)를 각각 모양 있게 만들어 함께 내시오.

지급재료목록

- 소고기 등심(덩어리) **200g**
- 감자 150g 정도 **1/2개**
- 당근 둥근 모양이 유지 되게 등분 **70g**
- 시금치 **70g**
- 소금 정제염 **2g**
- 검은 후춧가루 **1g**
- 식용유 **150㎖**
- 버터 무염 **50g**
- 흰설탕 **25g**
- 양파 중(150g 정도) **1/6개**

누구도 알려주지 않는 한끗 Tip

- 감자, 당근, 시금치는 물에 삶은 뒤 다시 한 번 조리하기 때문에 너무 오래 삶아서 재료가 부서지거나 질기지 않게 한다.

- 감자, 당근, 시금치 순으로 익히는 이유는 끓는 물에서 당근, 시금치를 익히면 물이 나와 색이 변하기 때문에 하얀색인 감자를 먼저 익히면 시간을 절약할 수 있다.

- 시금치는 너무 오래 볶으면 색이 어둡게 변할 수 있으니 센 불에 살짝 볶는다.

- 당근을 볶을 때 설탕을 넣어 졸이게 되면 겉표면에 윤기가 흐른다. 하지만 설탕으로 인해 탈 수 도 있으니 센 불에서 볶지 않는다.

- 감자는 따뜻할 때 소금을 뿌려줘야 간이 배기 때문에 튀기고 바로 소금 간을 한다.

- 스테이크를 구울 때 후라이팬이 달궈져 있어야 육즙이 빠지지 않는다.

감독자의 체크 Point

- 당근, 감자가 모두 익어야 한다.
- 스테이크 색과 굽기에 유의한다.

1 재료 썰기 양파는 곱게 다지고, 감자는 가로, 세로 1×1cm, 길이 5cm 정도의 크기로 썰어 물에 담근다. 당근은 0.5cm 정도의 두께로 둥글게 썰어 모서리를 다듬어 비취(Vichy) 모양으로 만든다. 시금치는 뿌리를 자르고 깨끗이 씻는다.

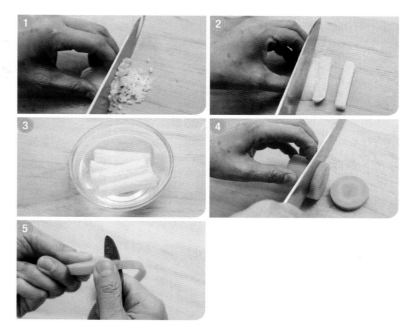

2 스테이크 손질하기 소고기는 힘줄과 지방을 제거하고 손질하여 소금, 검은 후춧가루를 뿌리고 식용유를 살짝 발라 놓는다.

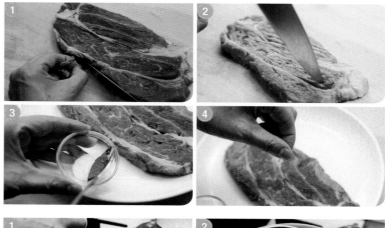

3 재료 익히기 끓는 물에 소금을 약간 넣고 감자, 당근, 시금치 순서대로 익힌 후, 감자는 물기를 제거한다. 시금치는 찬물에 헹구어 물기를 제거하고 5cm 정도의 길이로 자른다.

4 시금치 볶기　팬에 버터를 두르고 양파를 볶다가 시금치를 넣고 볶으면서 소금, 검은 후춧가루로 간을 한다.

5 당근 볶기　팬에 버터를 두르고 당근을 넣고 볶다가 물, 설탕, 소금으로 간을 하고 윤기 나게 졸인다.

6 감자 튀기기　팬에 기름을 넣고 온도가 오르면 감자를 노릇하게 튀겨 소금을 뿌려 간을 한다.

7 서로인 스테이크 굽기　기름을 두른 뜨거운 팬에 소고기를 넣어 앞, 뒤 갈색이 나도록 미디움(Medium)으로 굽는다.

8 완성하기　완성 접시에 왼쪽부터 감자, 시금치, 당근을 조화롭게 담고, 스테이크를 가운데 담는다.

1	2	3	4	5	6	7	8
재료 썰기	스테이크 손질하기	재료 익히기	시금치 볶기	당근 볶기	감자 튀기기	서로인 스테이크 굽기	완성하기

스파게티 카르보나라
Spaghetti Carbonara

이탈리아 레스토랑 어느 곳을 가도 빠뜨리지 않는 메뉴 중 하나가 카르보나라(Carbonara)이다.
크림 파스타의 기본이라고 할 만큼 대중적인 인기를 가지고 있으며 베이컨, 치즈, 달걀노른자를 이용해
만들기 때문에 부드러운 맛이 인상적이다.

30분 시험시간

요구사항

가. 스파게티 면은 al dante(알 단테)로 삶아서 사용하시오.

나. 파슬리는 다지고 통후추는 곱게 으깨서 사용하시오.

다. 베이컨은 1cm 정도 크기로 썰어, 으깬 통후추와 볶아서 향이 잘 우러나게 하시오.

라. 생크림은 달걀노른자를 이용한 리에종 (Liaison)과 소스에 사용하시오.

지급재료목록

- 스파게티면 건조 면 **80g**
- 올리브 오일 **20㎖**
- 버터 무염 **20g**
- 생크림 **180㎖**
- 베이컨 길이 15~20cm **2개**
- 달걀 **1개**
- 파마산 치즈가루 **10g**
- 파슬리 잎, 줄기 포함 **1줄기**
- 소금 정제염 **5g**
- 검은 통후추 **5개**
- 식용유 **20㎖**

누구도 알려주지 않는 한끗 Tip

☝ 스파게티를 삶을 때 충분한 양의 물에 소금을 넣고 삶는다.

☝ 스파게티를 삶은 후 올리브 오일에 버무리면 면끼리 달라붙지 않는다.

☝ 파슬리 가루는 스파게티를 버무릴 때와 장식으로 사용되고, 휘핑크림은 스파게티 면을 버무릴 때와 리에종을 만들 때 사용한다.

용어설명

알 단테(al dante)
스파게티를 삶은 후 가운데 부분에 하얀 심이 점처럼 남아 있는 형태인데, 우리나라 사람들은 조금 덜 익었다고 생각할 수 있으나 이탈리아 사람들은 알 단테 형태로 즐겨 먹는다.

리에종(Liaison)
소스나 수프를 진하게 해주는 것으로 루, 달걀노른자, 밀가루, 전분가루 등이 있는데 스파게티 카르보나라에서는 달걀노른자와 휘핑크림을 섞어서 사용한다.

감독자의 체크 Point

☑ 스파게티를 알 단테로 삶는다.

☑ 리에종이 덩어리지거나 풀어지지 않도록 한다.

☑ 소스의 농도에 유의한다.

1 재료 준비   파슬리는 찬물에 담근다.

2 재료 썰기   베이컨은 1cm 크기로 썰고, 통 후추는 곱게 으깬다.

3 스파게티 삶기   끓는 물에 소금을 넣고 스 파게티를 알 단테(al dante)로 삶은 후, 건져서 수분을 제거하고 올리브 오일로 버무린다.

4 파슬리 가루 만들기   파슬리를 건져 잎만 다져 면보에 넣어 물에 헹구고, 수분을 제거하 여 파슬리 가루를 만든다.

*자세한 설명은 p.22~p.23 참고

5 리에종(Liaison) 만들기 달걀노른자와
생크림을 섞는다.

6 스파게티 카르보나라 만들기 팬에 버터
를 녹이고 베이컨을 볶다가 통후추를 넣어 향
이 우러나오게 볶는다. 스파게티 면을 넣고 볶
다가 생크림을 넣고 졸여준다. 생크림이 졸여
지면 소금을 넣고 리에종을 넣은 후 분리가 되
지 않도록 빠르게 섞는다. 가니쉬용 파슬리 가
루를 조금 남기고 파슬리 가루와 파마산 치즈
를 넣고 섞는다.

7 완성하기 접시에 담고 남은 파슬리 가루를
뿌려 완성한다.

1	2	3	4	5	6	7
재료 준비	재료 썰기	스파게티 삶기	파슬리 가루 만들기	리에종(Liaison) 만들기	스파게티 카르보나라 만들기	완성하기

토마토소스 해산물 스파게티

Seafood Spaghetti Tomato Sauce

토마토소스(Tomato sauce)는 대중적으로 많은 사람이 좋아하는 소스이며, 다른 소스의 기초로 사용되거나 향신료를 섞어 사용되기도 한다. 토마토소스에 해산물을 넣은 스파게티는 풍미가 더 깊어 진한 맛을 낸다.

35분 시험시간

 요구사항

가. 스파게티 면은 al dante(알 단테)로 삶아서 사용하시오.

나. 조개는 껍질째, 새우는 껍질을 벗겨 내장을 제거하고, 관자살은 편으로 썰고, 오징어는 0.8cm×5cm 정도 크기로 썰어 사용하시오.

다. 해산물은 화이트와인을 사용하여 조리하고, 마늘과 양파는 해산물 조리와 토마토소스 조리에 나누어 사용하시오.

라. 바질을 넣은 토마토소스를 만들어 사용하시오.

마. 스파게티는 토마토소스에 버무리고 다진 파슬리와 슬라이스 한 바질을 넣어 완성하시오.

지급재료목록

- 스파게티면 건조면 **70g**
- 토마토(캔) 홀필드, 국물 포함 **300g**
- 마늘 **3쪽**
- 양파 중(150g 정도) **1/2개**
- 바질 신선한 것 **4잎**
- 파슬리 잎, 줄기 포함 **1줄기**
- 방울토마토 붉은색 **2개**
- 올리브 오일 **40㎖**
- 새우 껍질 있는 것 **3마리**
- 모시조개 지름 3cm정도(바지락 대체 가능) **3개**
- 오징어 몸통 **50g**
- 관자살 50g 정도(작은관자 3개 정도) **1개**
- 화이트 와인 **20㎖**
- 소금 **5g**
- 흰 후춧가루 **5g**
- 식용유 **20㎖**

누구도 알려주지 않는
한끗 **Tip**

♨ 다진 양파와 다진 마늘은 토마토소스와 해산물 스파게티에 사용한다.

♨ 바질은 칼질을 하면 색이 금방 변하므로 사용하기 직전에 슬라이스 한다.

감독자의 체크
Point

📖 스파게티를 알 단테로 삶는다.

📖 해산물이 너무 질겨지지 않도록 한다.

📖 토마토소스의 농도가 묽거나 되지 않게 한다.

1 **재료 손질**   양파, 마늘, 캔 토마토는 다지고, 방울토마토는 반으로 자른다. 파슬리는 찬물에 담그고 바질은 슬라이스한다.

2 **해산물 손질하기**   모시조개는 소금물에 해감하고, 오징어는 껍질을 제거하고 0.8×5cm 크기로 썰고, 새우는 내장과 껍질을 제거하고, 관자는 막을 제거하여 편으로 썬다.

3 **스파게티 삶기**   끓는 물에 소금을 넣고 스파게티를 알 단테(al dante)로 삶은 후, 건져서 수분을 제거하고 올리브오일로 버무린다.

4 **토마토소스 만들기**   냄비에 올리브오일을 두르고 마늘과 양파를 충분히 볶는다. 캔 토마토와 슬라이스한 바질을 넣고 은근하게 끓인 후 소금과 흰 후춧가루로 간을 한다.

5 **파슬리 가루 만들기** 파슬리를 건져 잎만 다져 면보에 넣어 물에 헹구고, 수분을 제거하여 파슬리 가루를 만든다.

*자세한 설명은 p.22~p.23 참고

6 **토마토소스 해산물 스파게티 만들기** 팬에 올리브오일을 두르고 마늘과 양파를 넣고 볶다가 모시조개, 오징어, 새우, 관자를 넣고 볶는다. 화이트 와인을 넣고 반 정도 졸인 후, 방울토마토를 넣고 볶는다. 토마토 소스를 넣고 끓으면 삶은 스파게티를 넣고 섞는다. 소금과 흰 후춧가루로 간을 하고 마지막에 슬라이스한 바질과 파슬리 가루를 넣고 섞는다.

7 **완성하기** 완성 접시에 토마토소스 해산물 스파게티를 담아 완성한다.

▶ 해당 도서 변경사항

1. 47p ⟨6. 완성하기⟩ 사진 변경

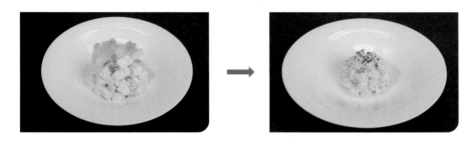

2. 81p ⟨감독자의 체크 Point⟩ 변경

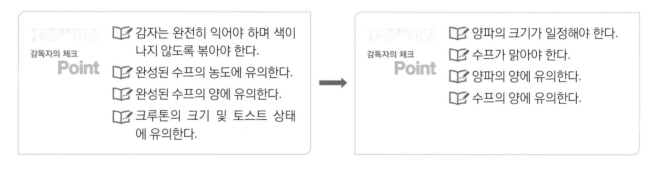